Technik im Fokus

- Die Buchreihe Technik im Fokus bringt kompakte, gut verständliche Einführungen in ein aktuelles Technik-Thema.
- Jedes Buch konzentriert sich auf die wesentlichen Grundlagen, die Anwendungen der Technologien anhand ausgewählter Beispiele und die absehbaren Trends.
- Es bietet klare Übersichten, Daten und Fakten sowie gezielte Literaturhinweise für die weitergehende Lektüre.

Weitere Bände zur Reihe finden Sie unter http://www.springer.com/series/8887

Holger Dau • Philipp Kurz
Marc-Denis Weitze

Künstliche Photosynthese

Besser als die Natur?

 Springer

Holger Dau
Fachbereich Physik/Biophysik
Freie Universität Berlin
Berlin, Deutschland

Philipp Kurz
Institut für Anorganische und
Analytische Chemie
Albert-Ludwigs-Universität Freiburg
Freiburg, Deutschland

Marc-Denis Weitze
acatech – Deutsche Akademie der
Technikwissenschaften
München, Deutschland

ISSN 2194-0770 ISSN 2194-0789 (electronic)
Technik im Fokus
ISBN 978-3-662-55717-4 ISBN 978-3-662-55718-1 (eBook)
https://doi.org/10.1007/978-3-662-55718-1

Die Deutsche Nationalbibliothek verzeichnet diese Publikation in der Deutschen
Nationalbibliografie; detaillierte bibliografische Daten sind im Internet über http://
dnb.d-nb.de abrufbar.

Springer
© Springer-Verlag GmbH Deutschland, ein Teil von Springer Nature 2019

Springer ist ein Imprint der eingetragenen Gesellschaft Springer-Verlag GmbH,
DE und ist ein Teil von Springer Nature.
Die Anschrift der Gesellschaft ist: Heidelberger Platz 3, 14197 Berlin, Germany

Vorwort

Ein sonniger, heißer Julitag im Sommer 2015: In einem Tegernseer Café versammeln sich auf Einladung der Deutschen Akademie der Technikwissenschaften Interessierte, um sich über Künstliche Photosynthese zu informieren. Sie diskutieren Chancen und Risiken einer Technologie, die es bislang nur in den Köpfen einiger Forscher gibt. Sie entwickeln Technikzukünfte, also mögliche Ausprägungen der Künstlichen Photosynthese, folgen narrativen Darstellungen eines Wissenschaftsjournalisten und kommen ins Gespräch.

Im Jahr darauf stellt acatech die Ergebnisse des Projekts „Frühzeitige Einbindung der Öffentlichkeit am Beispiel der Künstlichen Photosynthese" auf einer Veranstaltung mit der Evangelischen Akademie Tutzing vor [1]. Gleichzeitig wird eine neue Arbeitsgruppe der Wissenschaftsakademien gebildet, die den Forschungsstand, wissenschaftlich-technische Herausforderungen und Perspektiven zu diesem Thema ausführlich untersuchen und bewerten soll. Nach zwei Jahren langer Diskussionen der gemeinsamen Kommission zu Definitionsfragen, globaler Energieversorgung, Lichtabsorption und Ladungstrennung, zu Katalysereaktionen, Synthetischer Biologie, Effizienzen und ethischen Aspekten stellt die Akademien-AG das Ergebnis ihrer Arbeit in Form einer 79seitigen Stellungnahme vor [2].

Als drei der an dieser Akademien-AG beteiligten Wissenschaftler haben wir für dieses Buch das Material nochmals gesichtet und weitere Quellen erschlossen. Ziel war es, das Thema in einer etwas ausführlicheren Form, als es in einer Stellungnahme möglich ist, zu beleuchten, neue Akzente zu setzen und so hoffentlich einen noch größeren Kreis an Interessierten (Studierende, Lehrer, Journalisten und weitere) für die Künstliche Photosynthese zu gewinnen. Gleichzeitig möchten wir aus diesem neuen Blickwinkel einen Beitrag zur Diskussion um die Energie- und Rohstoffversorgung der Zukunft liefern.

Unser Dank geht an die Mitglieder der Akademien-AG, insbesondere an die weiteren Mitglieder der Redaktionsgruppe Matthias Beller, Tobias Erb und Bärbel Friedrich. Erst im Rahmen der Diskussionen in dieser Gruppe wurden die verschiedenen Perspektiven auf dieses Thema und die unterschiedlichen Akzentuierungen bereits innerhalb der Wissenschaft deutlich. Wertvolle Anregungen brachten uns darüber hinaus Diskussionsbeiträge von VertreterInnen aus Industrie, Politik und Zivilgesellschaft sowie BesucherInnen öffentlicher Veranstaltungen zum Thema.

Viele der Abbildungen dieses Buchs wurden durch Marie-Luise Grutza, Jens Melder, Luise Mintrop, Jann Sonnenfeld und Daniela Winkler von der Universität Freiburg und Yvonne Zilliges von der Freien Universität Berlin (FUB) bereitgestellt. Wolfgang Goede, Marco Ninow und Christoph Uhlhaas (acatech), Katharina Klingan und Dennis Nürnberg (FUB) sowie Wolfgang Lubitz (MPI für Chemische Energiekonversion) haben das Manuskript gelesen und wertvolle Anregungen zum Text gegeben. Dankeschön!

Die Autoren

Literatur

[1] acatech – Deutsche Akademie der Technikwissenschaften (Hrsg.): Technik gemeinsam gestalten. Frühzeitige Einbindung der Öffentlichkeit am Beispiel der Künstlichen Photosynthese (acatech IMPULS). Herbert Utz Verlag, München (2016)
[2] acatech – Deutsche Akademie der Technikwissenschaften, Nationale Akademie der Wissenschaften Leopoldina, Union der deutschen Akademien der Wissenschaften (Hrsg.): Künstliche Photosynthese. Forschungsstand, wissenschaftlich-technische Herausforderungen und Perspektiven. München (2018)

Leitfaden zum Buch

Insbesondere für diejenigen, die Bücher nicht von der ersten bis zur letzten Seite lesen, mag der folgende Leitfaden hilfreich sein.

Kapitel 1: Energie ist nicht alles, aber ohne Energie läuft gar nichts. Hierbei hat jedoch die Energieversorgung der heutigen technisierten Gesellschaften tief-dunkle Wurzeln. Sie beruht auf der Ausbeutung unterirdischer Lager von Kohle, Erdöl und Erdgas. Das erste Kapitel beschreibt die Abhängigkeit von fossilen Brennstoffen und die daraus resultierenden globalen Probleme: i) internationale Sicherheit und ökonomische Stabilität, ii) Gesundheitsschäden, iii) leidvolle und kostspielige „Umweltunfälle" und iv) Klimawandel. Des Weiteren führt das erste Kapitel in das Energiespeicherproblem ein. Die Speicherung von Wind- und Solarstrom in Batterien ist durch deren geringe Energiespeicherdichte eingeschränkt. Durch Informationen zur problematischen Nutzung fossiler Brennstoffe und dem Energiespeicherproblem motiviert das erste Kapitel die Entwicklung von Alternativen.

Kapitel 2: „Wer Visionen hat, sollte zum Arzt gehen" sagte Ex-Bundeskanzler Helmut Schmidt. Ohne Visionen jedoch bewegt sich nichts. Daher wagt sich das zweite Kapitel an die Visionen einer Energieversorgung jenseits fossiler Brennstoffe. Es schließt die literarischen Visionen von Jules Verne bis hin zu Ian McEwan zur Künstlichen Photosynthese ein. Bei den wissenschaftlichen-technischen Visionen wird der Bogen von den historischen Dachgartenversuchen des italienischen Photochemikers Giacomo Ciamician bis hin zu den nordafrikanischen Solarenergiefeldern im Desertec-Projekt gespannt. Das zweite Kapitel zeigt, dass die Idee der

Künstlichen Photosynthese neben der aktuellen Forschung noch weitere Wurzeln hat. Diese historischen, literarischen und visionär-planerischen Visionen sind erste Bausteine eines Narrativs, das die Entwicklung der Künstlichen Photosynthese begleiten und unterstützen kann und in dem Argumente für oder gegen spezifische Technologien und Anwendungen sichtbar werden. Gleichzeitig warnt Kap. 2 aber auch vor überzogenen Versprechungen und „Hyping".

Kapitel 3: „Wasser, Luft und Licht als Rohstoff" – das ist das Grundprinzip sowohl der biologischen als auch der Künstlichen Photosynthese. Auf eine naturgeschichtliche Einführung in die Entwicklung der Photosynthese folgt im dritten Kapitel eine Beschreibung der chemischen Schlüsselprozesse. Hieraus leiten sich die Grundprinzipien der Künstlichen Photosynthese ab. Es folgt ein Überblick über die Komplexität des biologischen Systems und ein Glanzlicht der aktuellen Forschung zur biologischen Solarenergienutzung. Neben die Beschreibung der faszinierenden biologischen Organismen tritt eine Diskussion ihrer „Defizite" – aus einer anthropozentrischen nutzungsorientierten Perspektive. Hierzu wird die für technische Systeme wichtige Größe der Effizienz („solar energy conversion efficiency") eingeführt und diskutiert.

Kapitel 4: Kann die Natur verbessert werden? Die Antwort lautet: Ja – wenn es um die Produktivität von Organismen im Wirtschaften der Menschen geht. Gezüchtete Kühe geben mehr Milch, gezüchtetes Getreide bringt reichere Ernten. Gentechnisch modifizierte Bakterien können heute Medikamente wie Insulin kostengünstig und in großen Mengen produzieren. Freilich waren und sind mit solchen Anwendungen große gesellschaftliche Kontroversen verbunden. Dennoch liegt der Gedanke nahe, gentechnisch modifizierte photosynthetische Algen oder Cyanobakterien zu nutzen, um Brenn- und Wertstoffe in wirtschaftlich relevanten Mengen zu produzieren. Kap. 4 deutet die Möglichkeiten, aber auch die Grenzen und potenziellen Probleme der modifizierten biologischen Photosynthese durch Mikroorganismen an, die in Photobioreaktoren Licht nutzen.

Kapitel 5: Wie gelingt ein nachhaltiger Energiestoff-Kreislauf? Zur Beantwortung dieser Frage wird der Blick auf den großen Zusammenhang von vier Milliarden Jahren Erdgeschichte gerichtet. Der globale Kohlenstoff-Sauerstoff-Kreislauf hat im Holozän, dem Erdzeitalter der letzten 10.000 Jahre, eine außerordentliche Stabilität der Atmosphäre ermöglicht, gerät aber durch massive Nutzung fossiler Brennstoffe aus der Balance. Ein paralleler, nicht-biologischer Kreislauf durch Künstliche Photosynthese könnte diese Balance wiederherstellen. Anschließend fasst Kap. 5 zusammen, welche „Defizite" der biologischen Photosynthese vermieden werden müssen, damit eine attraktive Künstliche Photosynthese gelingen kann. In Analogie zur Entwicklung vom Vogelflug zum Flugzeug wird eine „lockere Biomimetik" vorgeschlagen. Es folgen „Fünf Wege zu nicht-fossilen Brennstoffen", zusammen mit einer kurzen Einschätzung der jeweiligen Stärken und Schwächen bzw. offenen Fragen.

Kapitel 6: Wie genau gelingt nun diese Künstliche Photosynthese durch lockere Biomimetik? Kap. 6 gibt dazu Antworten. Die Kunst der Katalyse steht im Mittelpunkt: Reaktionen werden derart beschleunigt, dass sie nicht in Millionen Jahren sondern in Tausendstel Sekunden ablaufen. Die Natur beherrscht diese Kunst perfekt. Kompliziert aufgebaute und hochgradig spezialisierte Enzyme können diese Aufgaben passgenau wahrnehmen. In der Forschung zur Künstlichen Photosynthese wählen die WissenschaftlerInnen technisch umsetzbare Wege. Hier schlägt die Stunde von Chemie, Physik und Materialforschung. Wie auch das Kap. 3 zur biologischen Photosynthese können Leser mit spezifischen Interesse an naturwissenschaftlichen Fragen das Kap. 6 mit besonderem Gewinn lesen.

Kapitel 7: Das Ganze ist mehr als die Summe seiner Teile. Während in Kap. 6 die Teilprozesse der Künstlichen Photosynthese Thema waren, geht es in der aktuellen Forschung und Entwicklung um erste Schritte zu Größerem, d. h. zu Modulen, Geräten und Anlagen der Künstlichen Photosynthese. Jetzt kommen die Ingenieure ins Spiel. Die Möglichkeiten reichen von photokatalytischen Nanopartikeln, die wie Algen im Wasser herumschwimmen, über sogenannte Künstliche Blätter bis hin zu großen Anlagen, in denen Bakterienkulturen Solarstrom für die Synthese nutzen. Zum Abschluss die Frage „Wo soll das alles hinführen?". Sowohl visionäre „KPh-Module" als auch die mögliche Rolle der Künstlichen Photosynthese im Energiesystem der Zukunft werden vorgestellt.

Kapitel 8: Global denken, lokal kommunizieren. Bei der Künstlichen Photosynthese geht es nicht alleine um Moleküle, Photokatalyse und weitere naturwissenschaftlich-technische Themen, sondern auch um ethische und gesellschaftliche Fragen. Kap. 8 beschreibt, wie man ohne Formeln und technische Details mit interessierten gesellschaftlichen Gruppen hierzu in Dialog treten kann. Science Cafés und Comics können Ansatzpunkte sein, verschiedene Perspektiven zu dem Thema sichtbar zu machen, und können das Anliegen unterstützen, Technik gemeinsam zu gestalten. Im Kontext globaler Klimaveränderungen haben wir es auch mit großen Themen wie globalen Zukunftsperspektiven und Generationengerechtigkeit zu tun. Kap. 8 zeigt, dass auch Gerechtigkeitsfragen ein wichtiges Dialogthema sind, insbesondere wenn es um die Verteilung von Belastungen (Kosten) bei dem Ausstieg aus den fossilen Brennstoffen geht.

Kapitel 9: „Es gibt nichts Gutes, außer: Man tut es." Das Epigramm von Erich Kästner spricht eine Herausforderung an, die in den vorhergehenden Kapiteln nur gestreift wurde. Es ist die Frage, ob und wie und wann die Künstliche Photosynthese den Schritt von der Vision zu einem Pfeiler der Energiewende schaffen kann. Unter der Überschrift „Was tun?!" zeigen sechs Thesen Schritte zur Realisierung der Künstlichen Photosynthese - als ein neuer Pfad in der Energiewende hin zum nachhaltigen Energiesystem der Zukunft. Die Thesen lehnen sich an Empfehlungen der deutschen Wissenschaftsakademien zur Künstlichen Photosynthese an [1] und beziehen sich auf langfristige Strategien, bei deren Gestaltung letztendlich der Dialog zwischen Wissenschaft, Öffentlichkeit, Politik und Wirtschaft entscheidend sein wird.

Literatur

[1] acatech – Deutsche Akademie der Technikwissenschaften, Nationale Akademie der Wissenschaften Leopoldina, Union der deutschen Akademien der Wissenschaften (Hrsg.): Künstliche Photosynthese. Forschungsstand, wissenschaftlich-technische Herausforderungen und Perspektiven. acatech, München (2018)

Inhaltsverzeichnis

Globale Herausforderung: Ersatz fossiler durch regenerative Brennstoffe

1.1 Fossile Brennstoffe dominieren die Energieversorgung

1.1.1 Energieversorgung global

Der jährliche globale Energiebedarf der Weltbevölkerung (Brennstoffe, Treibstoffe und Elektrizität) ist heute ungefähr 30-mal größer als am Ende des 19. Jahrhunderts und steigt weiterhin stark an [1]. Eine weitere Verdopplung binnen 25 Jahren ist zu erwarten. Dieser dramatische Energiehunger wird zum weit überwiegenden Teil mit fossilen Rohstoffen gestillt, also durch Förderung und Verbrennung von Kohle, Erdöl und Erdgas. Fossile Rohstoffe wurden und werden dabei auf vielfältige Weise genutzt. Im Folgenden unterscheiden wir meist nicht zwischen den Brennstoffen zur unmittelbaren Wärmeerzeugung einerseits und den Treibstoffen zum Antrieb von Motoren und Generatoren andererseits, sondern sprechen zusammenfassend von Brennstoffen.

Parallel zu fossilen Brennstoffen wurden und werden nichtfossile, regenerative Energieressourcen genutzt. Zu nennen ist insbesondere die Verbrennung von Biomasse (meist Holz, in Abb. 1.1 unberücksichtigt) sowie die Nutzung der Energie aufgestauten

© Springer-Verlag GmbH Deutschland, ein Teil von Springer Nature 2019
H. Dau et al., *Künstliche Photosynthese*, Technik im Fokus,
https://doi.org/10.1007/978-3-662-55718-1_1

Abb. 1.1 Globale
Versorgung mit
kommerziell
gehandelten
Energieträgern für das
Jahr 2016
(Primärenergieverbrauch
in Prozent).
(Quelle: [2, 25])

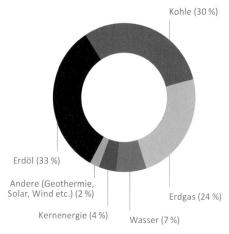

Kohle (30 %)

Erdöl (33 %)

Andere (Geothermie,
Solar, Wind etc.) (2 %)

Kernenergie (4 %)

Wasser (7 %)

Erdgas (24 %)

Wassers zur Stromerzeugung. Lokal spielt der traditionelle Brennstoff Holz nach wie vor eine wichtige Rolle. Wenn die Geographie es erlaubt, leistet auch die Wasserkraft wesentliche Beiträge zur Stromerzeugung, z. B. in Norwegen oder der Schweiz. Insgesamt wird dennoch auch heute der dominierende Teil des globalen Energiebedarfs über fossile Brennstoffe abgedeckt (derzeit über 85 %, Abb. 1.1), denn auch die Kernenergie sowie neue Technologien zur nachhaltigen Stromerzeugung unter Nutzung von Wind- und Solarenergie tragen bis heute nur vergleichsweise wenig zur Deckung des Weltenergiebedarfs bei. Schließlich ist zu erwähnen, dass vor allem Erdöl und Erdgas nicht allein als Brennstoffe eingesetzt werden, sondern auch als Ausgangsverbindungen für die Herstellung von Wertstoffen wie zum Beispiel Kunststoffe (Plastik) durch die chemische Industrie dienen. Dieser Anteil an der Nutzung fossiler Ressourcen ist jedoch mit ca. 3 % vergleichsweise gering.

Kasten 1.1 Der Siegeszug fossiler Rohstoffe [3]

Über die Verbrennung vor allem von Kohle und Erdgas lassen sich extrem hohe Temperaturen erreichen, wie sie unter anderem für die Gewinnung und Verarbeitung von Metallen benötigt werden. Der Betrieb großer Hochöfen für die Eisen- und Stahlproduktion, der für den Aufbau der Schwerindustrie im 19. Jahrhundert zentral war, wäre mit Holzkohle nicht möglich gewesen.

Die großtechnische industrielle Nutzung fossiler Brennstoffe umfasst auch andere Zweige wie die energieintensive Produktion von Zement oder Kunstdünger. Seit Ende des 19. Jahrhunderts wurden fossile Brennstoffe auch zunehmend zur Heizung von Gebäuden genutzt. Die Verbrennung fossiler Brennstoffe hat in den industrialisierten Staaten das Heizen mit Holz oder anderen Biomasse-Produkten wie Stroh oder Dung weitgehend ersetzt. Ein weiterer zentraler Bereich ist die Nutzung fossiler Rohstoffe als Treibstoff in Verbrennungsmotoren, angefangen von der Dampfmaschine über den Benzin- und Dieselmotor bis zum Düsenantrieb moderner Flugzeuge. Hinzu kommt der Antrieb von Generatoren zur Stromerzeugung.

1.1.2 Energieversorgung in Deutschland

Auf der nationalen Ebene ist in Deutschland die Situation nicht grundlegend verschieden vom oben skizzierten globalen Bild [4]. Nach wie vor decken auch hier die fossilen Energieträger ca. 80 % des Primärenergieverbrauchs (Abb. 1.2, s. auch Kasten 1.2) und der Anteil neuer regenerativer Energien, also Wind- und Solarenergie liegt bei unter 3,5 %.

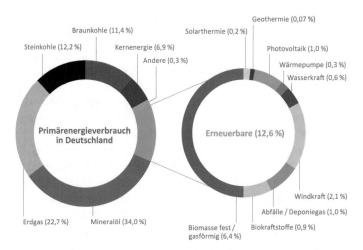

Abb. 1.2 Primärenergieverbrauch in Deutschland nach Erzeugungsart für das Jahr 2017. (Quelle: [4, 25])

Kasten 1.2 Primärenergieverbrauch

Der Primärenergieverbrauch (oder Primärenergiebedarf) ist die gesamte einer Volkswirtschaft jährlich zugeführte Energiemenge. Dabei gehen Kohle, Erdöl (nicht raffiniertes Rohöl), Erdgas, Biomasse (z. B. Holz), Solar-, Wind- und Wasserstrom jeweils über den Heizwert in die Rechnung ein. Es wird also die Energie berücksichtigt, die bei Verbrennung oder elektrischer Heizung als Wärme freigesetzt werden würde. Bei der Kernenergie wird angenommen, dass der Heizwert dreimal höher liegt als die im Kernkraftwerk erzeugte elektrische Energie. Primärenergieträger (Kohle, Erdöl, Erdgas, Biomasse, …) können unter Energieverlust in Sekundärenergieträger wie z. B. Kohlebriketts, Benzin, Fernwärme oder Strom umgewandelt werden.

Die vom Verbraucher letztendlich genutzte Energie ist die Endenergie. Wenn z. B. im Kraftwerk nach Kohleverbrennung mit einem Wirkungsgrad von 35 % Strom erzeugt wird, dann ist die Sekundärenergie um 65 % geringer als die Primärenergie. Durch Leitungsverluste kommen weiter Energieverluste hinzu, so dass die vom Verbraucher genutzte Endenergie beispielsweise nur 30 % der Primärenergie beträgt.

Sowohl der Primär- als auch der Endenergieverbrauch werden meist in Joule bzw. Petajoule (1 PJ = 10^{15} J) je Jahr gemessen. Aber auch andere (ältere) Einheiten sind gebräuchlich, wie z. B. Millionen kWh oder Millionen „Fass Öl" (jeweils je Jahr).

Der Blick auf den Elektrizitätssektor zeigt eine andere Gewichtung. Hier erreicht Deutschland bereits heute einen Beitrag der erneuerbaren Energien von fast 40 % (38 % in 2017) [5]. Dies ist ein für eine Industrienation ohne die Option massiver Wasserkraftnutzung erstaunlich hoher Anteil, der daher auch international viel Beachtung findet. Der Anstieg der erneuerbaren Energien für die Stromerzeugung geht hierzulande primär auf den Ausbau von Wind- und Solarenergieanlagen zurück.

Der vergleichsweise hohe Anteil erneuerbarer Energien bei der Stromerzeugung führt in der öffentlichen Wahrnehmung allerdings zu einer Überschätzung ihrer derzeitigen Rolle im Gesamt-Energiesystem. Denn insgesamt trägt der Stromverbrauch nur zu ca. 30 % zum gesamten Endenergiebedarf Deutschlands bei (29 % in 2015). Im Gegensatz zur Stromerzeugung ist der Anteil erneuerbarer Energien in den Bereichen Verkehr und Wärme (welche zusammen die restlichen ca. 70 % der Energiebilanz ausmachen) weitaus kleiner.

Die Energieversorgung in den Sektoren Strom, Verkehr und Wärme (für Heizzwecke, aber auch für die industrielle Produktion) ist derzeit nur in vergleichsweise geringem Umfang miteinander verknüpft. Eine verstärkte „Sektorkopplung" wird aber als zentrales Element einer nachhaltigen Energieversorgung diskutiert, die weitgehend ohne fossile Brennstoffe auskommen muss [6]. Die Sektorkopplung basiert dabei in den derzeitigen Szenarien vor allem auf der Produktion erneuerbarer Elektrizität in Wind- und Photovoltaikanlagen und ihrer nachfolgenden Verteilung über die Stromnetze. Für die Sektorkopplung kann dieser „grüne Netzstrom" dann vielfältig genutzt werden, zum Beispiel:

1. für Elektromobilität im Verkehrssektor
2. für den Umstieg von Öl und Gas auf Strom im Wärmesektor
3. für die Produktion von gasförmigen oder auch flüssigen Brennstoffen wie Wasserstoff, Methan oder „synthetischem Diesel" als Ersatz für fossile Brennstoffe im Verkehrs- und Wärmesektor. Diese Route wird als Power-to-X bezeichnet. Das „X" steht für den jeweiligen Brennstoff. Auch der Ersatz von fossilen Rohstoffen als Ausgangsmaterial in der chemischen Industrie ist auf diesem Weg denkbar.

Der in diesem Buch beschriebene Ansatz der Künstlichen Photosynthese ist ein alternativer Weg, um nicht-fossile Brenn- und Wertstoffe zu produzieren. Im Gegensatz zu Power-to-X sind Apparate für die Künstliche Photosynthese nicht mit dem allgemeinen Stromnetz verknüpft.

Kasten 1.3 Primärenergiebedarf vs. nutzbare Energie
Die Betrachtung des Primärenergiebedarfs kann partiell in die Irre führen, denn sowohl bei der Nutzung fossiler Rohstoffe als auch bei der Kernenergie liegt der Wirkungsgrad bei der Stromerzeugung nur bei etwa 35 %. Folglich wird hier nur etwa ein Drittel der Primärenergie in nutzbare elektrische Energie umgesetzt. Im Gegensatz dazu geht die erzeugte elektrische Energie von Wind- und Solaranlagen zu 100 % in die Statistik ein, die Abb. 1.2 zugrunde liegt. Folglich ist der effektive Beitrag von Wind- und Solarenergie zum Primärenergiebedarf Deutschlands etwa um den Faktor drei größer als Abb. 1.2 vermuten ließe und liegt gemäß dieser groben Abschätzung bereits in der Nähe von 10 %.

1.2 Warum der Ersatz fossiler Brennstoffe wichtig ist

1.2.1 Begrenzte Verfügbarkeit und kurzfristige Versorgungsrisiken

Globale Vorräte an fossilen Rohstoffen

Die Prognosen zur Verfügbarkeit fossiler Brennstoffe haben sich in den vergangenen Jahren wiederholt stark verändert. In den 1970er-Jahren ging man davon aus, dass die Reserven an Rohöl in wenigen Jahrzehnten aufgebraucht sein könnten. Der *Club of Rome* (s. Kasten 1.4) prognostizierte „Grenzen des Wachstums" aufgrund endlicher Ressourcen und brachte das Thema Ressourcenknappheit und Nachhaltigkeit auf die politische Tagesordnung [7].

Kasten 1.4 Club of Rome
Der *Club of Rome* ist ein Zusammenschluss von ExpertInnen verschiedener Fachrichtung mit derzeit 102 Vollmitgliedern aus 30 Nationen. Im Jahre 1972 veröffentlichte der *Club of Rome* seine weltweit beachtete Studie mit dem Titel „Grenzen des Wachstums" [7], in der die Endlichkeit verschiedener Ressourcen angesichts einer stark wachsenden Weltbevölkerung thematisiert wurde. Ein interessantes Novum dieser Studie war, dass bereits Computersimulationen zum Einsatz kamen, um globale Entwicklungen quantitativ vorherzusagen. (Eine an für den Betrieb mit heutigen PCs angepasste Programmversion sowie Diskussion des Computermodels ist unter www.grenzendeswachstums.de zu finden.) Seit 1972 sind zahlreiche weitere Veröffentlichungen des *Club of Rome* erschienen, wie z. B. im Jahr 2017 ein aktuelles und umfassendes Buch zum Thema von den derzeitigen zwei Präsidenten, Ernst-Ulrich von Weizsäcker und Anders Wijkman, unter dem doppeldeutigen Titel „Wir sind dran" [8].

Aus heutiger Sicht fielen zwei Aspekte unter den Tisch: Zum einen ist es die Problematik der CO_2-Emissionen durch Verbrennung fossiler Brennstoffe und resultierender Klimaveränderungen (Abschn. 1.2.4), die Anfang der 1970er-Jahre noch nicht als Zukunftsprobleme thematisiert wurden. Der zweite Aspekt war der Umfang der nutzbaren Ressourcen an fossilen Brennstoffen, insbesondere des Erdöls. Neue technologische Entwicklungen sowie massive Investitionen in die Erkundung (Exploration) neuer

Erdöllagerquellen haben in den letzten Jahrzehnten die Vorhersagen für „*Peak oil*" (den Zeitpunkt maximaler globaler Erdölförderung, auf den ein stetiger Abfall der Fördermengen folgt) immer weiter verschoben. Im Jahr 1972 hatte der *Club of Rome* den globalen *Peak oil* noch für die 1990er-Jahre prognostiziert, was sich jedoch nicht bewahrheitet hat. Zwar wurde in zahlreichen Ölförderländern *Peak oil* bereits vor langem überschritten, wie z. B. in den USA im Jahr 1970. In anderen Regionen (und jüngst auch in den USA) sind hingegen sowohl Ölförderung als auch prognostizierte Ressourcen wieder deutlich angestiegen. Dies betrifft die konventionellen Ressourcen insbesondere in den OPEC Ländern sowie „unkonventionelle" Ressourcen in Kanada, Venezuela und den USA. Der Abbau unkonventioneller Ressourcen (Schwerstöl, Schieferöl und Teersand) ist mit erhöhtem finanziellen Aufwand und besonders starken Umweltbelastungen verbunden. Auf globaler Ebene ist „Peak oil" mithin noch nicht erreicht.

Wie hoch sind die Erdölreserven? Bis zu welchem Punkt lassen sie sich wirtschaftlich ausbeuten? Sowohl für eine Verknappung binnen weniger Jahre als auch für ausreichende Vorräte über Jahrzehnte hinweg finden sich seriöse Studien. Probleme bei der Prognostizierung von Erdölvorräten sowie mehr oder weniger willkürliche Festlegungen, bis zu welchem Kostenniveau Ölressourcen noch nutzbar sind, tragen dazu bei. Die Unterscheidung zwischen gesicherten *Reserven* in erschlossenen Lagerstätten einerseits und prognostizierten *Ressourcen* andererseits erschweren den Vergleich verschiedener Vorhersagen weiter. Es lassen sich Einschätzungen von drohender Erdölverknappung in den kommenden Jahren bis hin zu hinreichenden Vorkommen für 50 oder mehr Jahre finden. Hierbei kommt den Erdölkonzernen bei der Datenerfassung und Vorhersage der Ölvorkommen eine zentrale Rolle zu. Dass ihre wirtschaftlichen Interessen auch zu einer besonders optimistischen Einschätzung führen, kann nicht ausgeschlossen werden. Auch Prognosen der Bundesanstalt für Geowissenschaften und Rohstoffe (BGR) gehen in die Richtung, dass bei gleichbleibendem globalen Verbrauch die Reserven noch für Jahrzehnte hinreichend sein werden. Andererseits kommt die BGR dennoch zu der folgenden Schlussfolgerung: „Erdöl ist der einzige nicht erneuerbare Energierohstoff, bei dem in den kommenden Jahrzehnten eine steigende Nachfrage wahrscheinlich nicht mehr gedeckt werden kann. Angesichts der langen Zeiträume, die für eine Umstellung auf dem Energiesektor erforderlich sind, ist deshalb die rechtzeitige Entwicklung alternativer Energiesysteme notwendig" [9].

Während die Entwicklung der Erdölförderung heute durch unklare Prognosen hinsichtlich weiterer Steigerungen oder endgültiger Abnahme gekennzeichnet ist, ist bei der Erdgasförderung seit Jahren ein klarer Aufwärtstrend feststellbar. Hierzu hat auch die Fracking-Technologie beigetragen, wobei aber „*Peak fracking*" wahrscheinlich schon überschritten ist. Wichtiger als Fracking ist, dass der zunehmende Bedarf zur Nutzung von Erdgasvorkommen geführt hat, die zuvor gänzlich ungenutzt geblieben waren oder gar „abgefackelt" wurden. So wurde z. B. Katar zum weltgrößten Exporteur verflüssigtem Erdgases. Eine Erschöpfung der Erdgasvorräte innerhalb der kommenden 50 Jahre erscheint zumindest bei gleichbleibendem Bedarf als wenig wahrscheinlich.

Die jährliche Kohleförderung hat von 2000 bis 2014 sogar um ca. 75 % zugenommen. Die dramatische Renaissance der Nutzung billiger Kohle (bei vergleichsweise hohen Ölpreisen) verursachten insbesondere die wachsende Nachfrage der asiatischen Ökonomien. Seit 2014 ist aber die Kohleförderung wieder leicht abgefallen. „*Peak coal*" scheint erreicht, jedoch nicht wegen Erschöpfung der Ressourcen, sondern durch einen Rückgang der Nachfrage [2, 9]. Bei gleichbleibendem Kohleverbrauch würden die globalen Kohlevorräte für weitere 100–200 Jahre ausreichen. Zusammenfassend lässt sich also trotz Unsicherheiten in den Prognosen sagen, dass in den kommenden 50–100 Jahren eine generelle Verknappung der fossilen Brennstoffe kaum zu erwarten ist.

Versorgungsicherheit und Preisfluktuationen im Korsett internationaler Krisen

Die Entwicklung der Rohölpreise hängt seit Jahrzehnten nicht allein von Ressourcen, Reserven und Fördermengen ab, sondern reflektiert wie eine Fieberkurve politische und wirtschaftliche Krisen [2]. In den ersten beiden Jahrzehnten nach dem Zweiten Weltkrieg konnten die klassischen Industrienationen ihren Erdölbedarf noch weitgehend ohne Importe aus dem Nahen Osten decken.

Die Bundesrepublik Deutschland war damals größter Rohölproduzent Europas und konnte immerhin noch ein Drittel ihres Eigenbedarfs mit Förderung innerhalb der Landesgrenzen abdecken [10]. Die Suezkrise im Jahr 1956 war daher ohne Folgen für den Ölpreis. Anfang der 1970er-Jahre war die Situation jedoch bereits eine andere. In vielen europäischen Ländern waren die Vorkommen erschöpft, in den USA war *Peak oil* überschritten und zahlreiche Staaten waren auf Erdölimporte aus arabischen Ländern angewiesen. Dann führte der Jom-Kippur-Krieg zwischen Israel und seinen Nachbarstaaten im Jahre 1973 zu einer gezielten Drosselung der Erdölexporte durch die OAPEC, die Organisation der arabischen, erdölexportierenden Staaten (wobei neben dem Einsatz der „Ölwaffe" auch weitere Motive der OAPEC denkbar sind, siehe Kasten 1.5, aber z. B. auch [11]). Auf die Reduktion der Erdölexporte um 5 % (am 17. Oktober 1973) sowie einem sofortigen Ölpreisanstieg um 70 % folgte ein langsamerer Anstieg auf einen Wert, der vier bis fünf Mal höher war, als das Niveau vor dem Jom-Kippur-Krieg. Die Wahrnehmung ist als „Ölkrise" bzw. „Ölpreisschock" in die öffentliche Wahrnehmung eingegangen.

Kasten 1.5 Wirkungen der „Ölkrise"
In Deutschland wurden zur Treibstoffeinsparung Geschwindigkeitsbegrenzungen eingeführt (100 km/h auf Autobahnen, 80 km/h auf Landstraßen), allerdings nur für 6 Monate. Noch stärker wirkten in der öffentlichen Wahrnehmung vier autofreie Sonntage, mit einem praktisch absoluten Fahrverbot und der ungewohnten Möglichkeit, die Autobahn zu Fuß oder mit dem Fahrrad zu nutzen. Zwar war der Einspareffekt dieser Maßnahmen gering, aber das wichtigere Ziel, der Bevölkerung den Ernst der Lage vor Augen zu führen, wurde erreicht. Seit 1973 ist Energiesparen nicht nur in Regierungsprogrammen und Bauverordnungen, sondern auch im Bewusstsein vieler BundesbürgerInnen verankert. Weit dramatischer als die reale Verknappung waren nach 1973 die ökonomischen Konsequenzen. Die sprunghaft erhöhten Kosten für Ölimporte verstärkten eine Wirtschaftskrise in Deutschland einhergehend mit vermehrter Kurzarbeit, Arbeitslosigkeit und Insolvenzen.

In den Jahren 1979/1980 kam es zu einer zweiten Ölkrise wegen Förderausfällen und Verunsicherung durch die Islamische Revolution im Iran, gefolgt von einem mehrjährigen Krieg zwischen Iran und Irak, bei dem es (auch) um den Besitz von Erdölfeldern ging

(Erster Golfkrieg). Der Rohölpreis stieg auf das 10-fache des Niveaus vor dem Jom-Kippur-Krieg. Im Laufe der 1980er-Jahre sank der Ölpreis auf ca. 1/3 des vorherigen Höchstwerts, unter anderem wegen der Erschließung von Erdölfeldern in der Nordsee. Weitere Spitzen der Fieberkurve des Ölpreises folgten aus der Invasion des Iraks in Kuwait und dem anschließenden Einsatz amerikanisch-britischer Streitkräfte mit weiteren Alliierten (1990, Zweiter Golfkrieg), der asiatischen Finanzkrisen (1997/1998) und dem Irakkrieg (2003, Dritter Golfkrieg). Die Wirtschaftskrisen des Jahres 2008 löste hingegen einen kurzzeitigen Verfall des Ölpreises aus, während der Arabische Frühling (2010/2011) mit den bis heute weltweit höchsten Ölpreisen zusammenfällt. Die anschließende Abnahme des Rohölpreises um mehr als 60 % resultierte aus der Erschließung neuer Ressourcen, in zahlreichen Regionen der Welt sowie dem weitgehenden Zusammenbruch der preisgestaltenden Rolle der OPEC (Organisation erdölexportierender Länder).

Die oben für das Erdöl skizzierten Entwicklungen zeigen, dass die Abhängigkeit vom Import fossiler Brennstoffe (insbesondere aus nicht-europäischen Regionen) auch bei global an sich ausreichenden Fördermengen und Reserven aus den folgenden Gründen problematisch ist:

1. Die Beschränkung des Zugangs zu Energierohstoffen wird wohl immer ein Mittel der politischen Auseinandersetzung bleiben, möglicherweise auch in Form von Handelskriegen. Die jüngere Geschichte zeigt ferner, dass auch militärisch geführte Rohstoffkriege nicht ausgeschlossen werden können.
2. Schwankungen des Ölpreises können wegen Verunsicherung der hochgradig „sensiblen" Finanzmärkte einerseits und realer Kostenverschiebungen andererseits sowohl regional als auch global Wirtschaftskrisen auslösen.
3. Die extreme Variabilität der Preise fossiler Brennstoffe behindert die Entwicklung einer stabilen, zukunftsfähigen Energieversorgung und eines nachhaltigen Energiesystems.

Der dritte Punkt sei durch zwei Beispiele erläutert: Zum einen wurden bereits nach der ersten Ölkrise in der Bundesrepublik Firmen gegründet, die innovative Wärmepumpen-Systeme erstellten und verkauften. Diese Systeme konnten den Ölbedarf zur Eigenheimheizung signifikant reduzieren und versprachen so dem Käufer eine langfristige Kostenersparnis. Dem Sinken des Ölpreises in den 1980er-Jahren folgten jedoch Firmeninsolvenz sowie die Einsicht der Käufer, dass die Aufwendungen für diese innovative, umweltfreundliche Technologie finanziell unsinnig waren. Zweites Beispiel: Um 2010, auf dem Höhepunkt des Erdölpreises und bei stetig steigenden Erdgaspreisen, wurden in Nordamerika Firmen zur Entwicklung von Technologien gegründet, bei denen Solarenergie die Produktion von Wasserstoff antreibt. Der Preisverfall für Erdgas nach 2014 beendete diese (zukunftsweisende) Entwicklung jedoch. Diese beiden Beispiele illustrieren, dass Investitionen in neue Technologien, die die Abhängigkeit von fossilen Rohstoffen reduzieren, stabile Rahmenbedingungen sowie langfristige Gewinnoptionen erfordern. Die extreme Preisvariabilität fossiler Rohstoffe steht dem Übergang zu nachhaltigen Energiesystemen solange entgegen, wie die Rohstoffpreise entscheidend für die Marktchancen alternativer Energiesysteme sind.

1.2.2   Gesundheitliche und ökologische Schäden

Die Kohleverbrennung in Kraftwerken in Deutschland wird seitens Umweltverbänden für mehr als 3500 jährliche Todesfälle sowie über eine Million verlorener Arbeitstage durch verschiedenste Erkrankungen verantwortlich gemacht [12]. In China wurde der Ausbau der Kohleverstromung unter anderem wegen der dramatischen Gesundheitsfolgen gestoppt [13].

Die gesundheitlichen Folgen aus der Verbrennung von Erdölprodukten und Kohle sind tatsächlich lange stark unterschätzt worden [14, 15]. Denn bei der Verbrennung von Kohle und Erdölprodukten entstehen einerseits gesundheitsschädliche Gase und andererseits Feinstaubpartikel. Auch Biodiesel verbrennt nicht schadstofffrei und hat vermutlich ein ähnlich hohes Gefährdungspotenzial wie konventionelle Dieselkraftstoffe. Die immer noch praktizierte Nutzung minderwertiger Rückstandsöle in der Seeschifffahrt ist besonders problematisch, da hier die Schadstoffemissionen durch zahlreiche Verunreinigungen

Rekordwerte erreichen. Nur Erdgas verbrennt vergleichsweise
sauber.

Unter die gesundheitsschädlichen Gase fallen die Schwefeloxide (SO_x), die u. a. den sogenannten Sauren Regen verursachen.
Anfang der 1970er-Jahre hatten die SO_x-Emissionen in vielen
Industrieländern ein so hohes Niveau erreicht, dass der Anteil an
schwefliger und Schwefelsäure im Regenwasser zu einer deutlichen Versauerung der Böden führte, was für schwerwiegende
Schäden insbesondere in Wäldern („Waldsterben") verantwortlich
gemacht wurde. Durch politische Protestbewegungen und die
Medien verstärkt, wurde das Problem in Öffentlichkeit und Politik deutlich wahrgenommen. Neben dem Rückgang der Kohle-
nutzung zu Heizzwecken und durch den Niedergang der osteuro-
päischen Industrie, waren es insbesondere entsprechende Gesetze
und Verordnungen (verschärfte Grenzwerte), die eine erstaunliche
Verringerung der Schwefeloxid-Emissionen ermöglichten. Technische Lösungen standen bald bereit, wie z. B. die großtechnische
Entfernung der Schwefeloxide durch Rauchgasentschwefelung
oder der Einsatz schwefelarmer Brenn- und Treibstoffe im Heiz-
und Verkehrssektor. Im Jahr 2004 lagen dann die deutschen
Schwefeloxid-Emissionen bei einem Fünfzehntel der Menge des
Jahres 1980 (EU-weit Reduktion auf ein Viertel). Viele Ökosysteme konnten sich daher zumindest partiell wieder erholen.

Trotz der Erfolgsgeschichte beim Eindämmen des Sauren
Regens bleiben die Verbrennungs-Emissionen ein gravierendes
Problem. Bei den gesundheitsschädlichen Gasen sind neben den
Schwefeloxiden insbesondere die Stickoxide, Ozon und Schwer-
metall-Emissionen (insbesondere von Quecksilber und Blei) zu
nennen. Ferner bilden sich am Verbrennungsort oder in der Atmo-
sphäre aus den Verbrennungsabgasen Feinstaubpartikel. Insbe-
sondere die Partikel, die kleiner als 2,5 Mikrometer sind (sog.
„PM2.5"), sind stark gesundheitsgefährdend, da sie in die
Atmungsorgane und Blutbahnen eindringen und dort die Atem-
wege schädigen (Bronchitis, Asthma, Lungenkrebs) und Herz-
Kreislauferkrankungen begünstigen [14].

Es wird von Umweltorganisationen geschätzt, dass alleine die
europäischen Kohlekraftwerke jedes Jahr für 18.000 Todesfälle
sowie 28 Millionen Fälle von Atemwegserkrankungen verant-

wortlich sind [16]. Die volkswirtschaftlichen Kosten der Nutzung fossiler Brennstoffe sind entsprechend hoch, treten aber in den Unternehmensbilanzen der Großnutzer fossiler Brennstoffe nicht auf (man spricht daher von „externen Kosten"). Sie werden von den Gesundheitssystemen der Nationalstaaten und den Geschädigten individuell getragen. Verschärfte Emissionsgrenzwerte können die Probleme der umwelt- und gesundheitsschädlichen Emissionen effektiv verringern (wie das Beispiel der Eindämmung der SO_x-Emissionen zeigt), haben aber bisher nicht zu einer hinreichen vollständigen Lösung des Problems geführt. Immer wieder finden sich legale oder illegale Schlupflöcher, wie auch die jüngsten Skandale um die Abgase von PKW-Dieselmotoren zeigen. Denkbar wäre nun eine „Einpreisung" der externen Kosten (über entsprechende Abgaben, Steuern, Zertifikathandel). Was könnte dadurch gewonnen werden? Das Leid der akut gesundheitlich Geschädigten würde nicht gelindert. Eine Einpreisung könnte aber die Zeit konkurrenzlos günstiger fossilen Brennstoff beim Betrieb von Kraftwerken beenden und so die Entwicklung alternativer Energiesysteme ohne gesundheitsschädigende Emissionen unterstützen.

1.2.3   Umweltzerstörung und ökologische Katastrophen

Neben den in den vorangegangenen Abschnitten beschriebenen Problemen der Versorgungssicherheit und Preisfluktuationen fossiler Rohstoffe sowie gesundheitlichen Schäden durch deren Verbrennung kann bereits deren Förderung (einschließlich Suche, Transport und Verarbeitung) Schäden für Mensch und Umwelt verursachen. Besonders deutlich wird dies bei der Erdölförderung: Es ist keine neue Erkenntnis, dass Mensch und Umwelt bedroht sind, wenn in sensiblen Ökosystemen nach Öl gebohrt wird, dass – wie es Greenpeace ausdrückt – „wertvolle Wälder, oftmals Urwälder, gerodet und unberührte Küstenregionen in Industrieanlagen verwandelt" werden [17].

Schäden treten schon bei der regulären Ölförderung auf: „Jährlich versickern bereits bei Förderung und Transport von Erdöl in

Russland bis zu 33 Mio. Liter Erdöl. Das sind 7 Prozent der russischen Jahresproduktion. In Sibirien sind mindestens 8400 Quadratkilometer Land durch Erdöl verseucht, vergleichbar mit der Hälfte der Fläche Schleswig-Holsteins. Auch anderswo verursacht die Ölförderung große Umweltschäden: In Nigeria, Afrikas größtem Erdölförderer, sickern jährlich zehntausende Liter Erdöl aus undichten Pipelines in den Boden. Besonders betroffen ist das Nigerdelta; „Grundwasser und Ackerböden sind dort verseucht", beschreibt die Agentur für Erneuerbare Energien [18].

Die sogenannten „Ölkatastrophen", also Tankerunfällen (z. B. 1989, als der Öltanker „Exxon Valdez" vor der Südküste Alaskas auf Grund läuft und 40 Millionen Liter Erdöl ins Meer gelangen) oder der Explosion von Bohrplattformen (z. B. 2010 die Explosion der Bohrplattform „Deep Water Horizon" im Golf von Mexiko, in deren Folge 700 Millionen Liter Erdöl auslaufen, Abb. 1.3) finden in den Medien im Allgemeinen zumindest kurzeitig Aufmerksamkeit. Tatsächlich sind „die viel zu wenig beachteten Auswirkungen dieser weltweiten, alltäglichen Zerstö-

Abb. 1.3 Brand der Ölplattform Deepwater Horizon im Golf von Mexiko (2010). (Quelle: https://pixabay.com/de/bohrinsel-explosions-feuer-618704/)

rung in ihrer Summe weitaus gravierender [...], als die spektakulären Ölkatastrophen, die die Weltöffentlichkeit immer wieder kurz aufrütteln," gibt der WWF zu bedenken [19]. Der WWF hat in einem Bericht fünf verschiedene Regionen vorgestellt, in denen die jahrzehntelange Ölgewinnung schwere Auswirkungen auf das Ökosystem und die lokale Bevölkerung mit sich gebracht hat: „Die ökologischen Schäden reichen von Verseuchung der Böden und Gewässer, Luftverschmutzung, Fragmentierung der Lebensräume, Abholzung, bis hin zu Absterben von Flora und Fauna. Auch für die lokale Bevölkerung und die indigenen Gruppen der Regionen hat die Umweltverschmutzung gravierende Folgen: Ihre Lebensgrundlagen sind zerstört, ihr Trinkwasser kontaminiert" [19]. Die Probleme verschärfen sich immer weiter: „Experten gehen weltweit von über fünfzig bedeutenden Ökosystemen aus, die im Fokus der Erdölindustrie stehen, darunter die Arktis und Antarktis, herausragende Meeresreservate in Papua und Belize, mehrere Nationalparks in den USA, Alaska und Kanada sowie bedeutende Amazonasgebiete in Brasilien, Ecuador, Peru, Kolumbien, Paraguay und Venezuela" [19].

1.2.4 Globale Erwärmung durch CO_2-Emissionen

Als wichtigster Grund für den Ausstieg aus der Nutzung fossiler Brennstoffe wird heute der Klimaschutz angesehen. Seit Beginn der Industrialisierung vor über 150 Jahren werden fossile Brennstoffe in rasant zunehmenden Maße genutzt. Die Verbrennung von Kohle, Erdöl und Erdgas ist aber zwangsläufig mit der Bildung von CO_2 verbunden. Diese CO_2-Emissionen haben seit Mitte des 19. Jahrhunderts zu einem Anstieg der atmosphärischen CO_2-Konzentration von ca. 280 ppm auf heute über 400 ppm geführt [20]. Verschiedenen internationalen Forschergruppen ist es gelungen, basierend auf der sogenannten Eiskernbohrung, die Schwankungen der CO_2-Konzentrationen in den letzten 800.000 Jahren abzuschätzen. Sie fanden, dass die Werte niemals zuvor in diesem Zeitraum auf Werte dieser Größe angestiegen sind. Auch die Geschwindigkeit des Anstiegs hat sich parallel zur zunehmenden Nutzung fossiler Brennstoffe kontinuierlich erhöht, so dass WissenschaftlerInnen seit längerem mehrheitlich davon ausgehen, dass der CO_2-Anstieg seinen Ursprung in der zunehmenden Nutzung fossiler Brennstoffe durch industrialisierte Gesellschaften hat, also anthropogen ist [21].

Kasten 1.6 Das IPCC

Die im Text genannten Zahlen und Schlussfolgerungen zu Klimaveränderungen sind in den Berichten des Intergovernmental Panel on Climate Change (IPCC) zu finden. Das IPCC ist eine Einrichtung ohne Parallele in der Wissenschaftsgeschichte. Etwa eintausend WissenschaftlerInnen aus den 195 beteiligten Nationen arbeiten in den Arbeitsgruppen und Unterarbeitsgruppen zusammen, um die wissenschaftlichen Studien zu dem Thema zusammenzufassen, zu bewerten und Szenarien für alternative zukünftige Entwicklungen vorzustellen. Dies erfolgt in allen wesentlichen Teilen als unbezahlte, ehrenamtliche Arbeit von WissenschaftlerInnen, deren Auswahl nicht durch nationale Interessen bestimmt ist, sondern alleine durch ihre Qualifikation und den Gedanken, umfassend WissenschaftlerInnen verschiedener Regionen bzw. Nationen zu beteiligen.

Die IPCC WissenschaftlerInnen werten tausende von Studien und Fachartikel aus, die im Normalfall bereits einzeln vor Veröffentlichung von FachwissenschaftlerInnen in Hinblick auf ihre Solidität geprüft worden sind. Die Ergebnisse werden dann gemeinsam analysiert, kritisch bewertet und zusammengefasst. Hierbei kommt den sogenannten „Szenarien" eine wichtige Rolle zu. Diese Szenarien beschreiben alternative Entwicklungspfade z. B. für den Umfang der CO_2-Emissionen und die daraus resultierenden Folgen. Ein Beispiel dazu ist in Abb. 1.4 gezeigt. Anhand dieser Szenarien können Öffentlichkeit und Entscheidungsträger Zukunftsplanungen in Abwägung der wahrscheinlichen Konsequenzen durchführen. Die Szenarien basieren auf umfangreichen, vielfach getesteten Computersimulationen. Daher können die Unsicherheitsbereiche heute gut eingeschätzt werden, auch wenn Faktoren wie das Erdmagnetfeld und nicht-zyklische Sonneneinstrahlung noch schwierig einzubeziehen sind.

Etwa alle sieben Jahre veröffentlicht das IPCC einen umfangreichen, mehrbändigen „Assessment Report", der durch zusammenfassende Stellungnahmen ergänzt wird. Der aktuelle „Fifth Assessment Report" erschien 2013/14 [21], der nächste Report ist für 2022/23 geplant. Ein Ergebnis der Analysen des IPCC ist das sogenannt „Zwei-Grad-Ziel". Diesem Zwei-Grad-Ziel liegt die Annahme zu Grunde, dass bis zu dieser Grenze eine Klimaveränderung beherrschbar bleibt – ein Überschreiten der Grenze hätte katastrophale Folgen. Das Erreichen des Zwei-Grad-Ziels wird heute nicht nur von der überwiegenden Mehrzahl der WissenschaftlerInnen als wichtiges Ziel gesehen, sondern auch weltweit von den meisten Institutionen und Regierungen als zentrale Herausforderung anerkannt, die für das Wohlergehen kommender Generationen entscheidend sei.

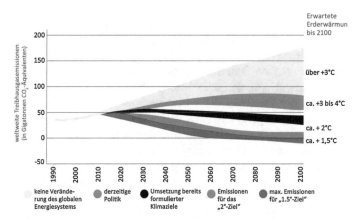

Abb. 1.4 Alternative Szenarien für die Netto-CO$_2$-Emissionen und der resultierenden Erhöhung der globalen Durchschnittstemperatur bis zum Jahr 2100. (Quelle: [25])

Der Anstieg der atmosphärischen CO$_2$-Konzentration wird mit einem Treibhauseffekt verbunden: die CO$_2$-Moleküle der Atmosphäre behindern die Abstrahlung von Wärme und führen so zu einer Erwärmung der Erdoberfläche – ähnlich wie die Glasfenster eines Treibhauses (Gewächshaus) die Erwärmung der Luft im Inneren fördern. Hierbei ist CO$_2$ aber nicht das einzige sogenannte „Treibhausgas", auch die steigenden Konzentrationen von Methan, Stickoxiden und anderen Chemikalien in der Atmosphäre tragen wesentlich zur Erderwärmung bei. Den CO$_2$-Emissionen kommt jedoch eine zentrale Rolle zu, da sie – den Überlegungen des IPCC zufolge – derzeit am stärksten zum Treibhauseffekt beitragen. Hierbei ist wichtig, dass ein CO$_2$-Molekül zwar weniger kräftig als Treibhausgas wirkt als z. B. ein Methan-Molekül, aber dass es besonders stabil ist und somit wesentlich länger in der Erdatmosphäre verbleibt (mehr als 200 Jahre) als andere Treibhausgase. Die heutigen CO$_2$-Emissionen könnten daher zu einer globalen Erwärmung führen, die über zahlreiche weitere Generationen anhält.

Der kontinuierliche Anstieg der atmosphärischen CO$_2$-Konzentration seit 150 Jahren ist bekannt (siehe oben). Der globale Temperaturanstieg ist hingegen nicht ähnlich eindeutig diagnostizierbar. Jährliche Wetterschwankungen verdecken den Trend. Vor allem aus diesem Grund war der globale Temperaturanstieg lange wesentlich umstrittener als der CO_2-Anstieg. Inzwischen sind die steigenden globalen Durchschnittstemperaturen aber auch beim Betrachten entsprechender Temperaturkurven als langfristiger Trend erkennbar. Dasselbe gilt für die Versauerung der Ozeane (CO_2 wirkt als „Kohlensäure") sowie für eine Reihe von Veränderungen, die durch den Temperaturanstieg hervorgerufen werden: der Anstieg des mittleren Wasserstands der Weltmeere, das Abschmelzen von Gletschern und der polaren Eiskappen, die Vergrößerung von Hochtemperatur- und Wassermangelregionen, die Häufung extremer Wetterereignisse sowie die Verlagerung von Vegetations- sowie tierischen Populationszonen. Tatsächlich ist es schwierig, alleine aus der Korrelation der verschiedenen Messdaten und Effekte auf eine Kausalität zu schließen. Derartige Kausalbeziehungen konnten jedoch durch umfassende Computermodelle, die in langjährigen Forschungsvorhaben von verschiedenen interdisziplinären Wissenschaftlerteams erstellt und getestet wurden, hergestellt werden. Details hierzu finden sich in den Berichten des IPCC (s. Kasten 1.6). Weitere Konsequenzen wie die durch die klimatischen Veränderungen ausgelösten ökonomischen Verwerfungen, internationale Konflikte und Immigrationsströme lassen sich in ihrem Ausmaß derzeit kaum abschätzen.

Insgesamt wird der Klimawandel daher auch auf politischer Ebene als globale Bedrohung wahrgenommen. Dies fand seinen Ausdruck im Pariser Abkommen, das von fast allen in den Vereinten Nationen vertretenen Staaten unterzeichnet worden ist und nach Ratifizierung durch die Mehrzahl der Unterzeichnerstaaten am 4. November 2016 in Kraft trat (s. Kasten 1.7) [22].

Kasten 1.7 Das Pariser Abkommen

Gemäß des Pariser Abkommens ist es das gemeinsame Ziel der unterzeichnenden Staaten, den globalen Temperaturanstieg auf 2 °C zu begrenzen bzw. sogar eine Begrenzung auf 1,5 °C anzustreben. Zur Erreichung des 2°-Zieles ist es erforderlich, dass die jährlichen Netto-CO_2-Emissionen in der zweiten Hälfte des 21. Jahrhunderts fast auf null zurückgehen. Dabei sollten die wirtschaftlich hoch entwickelten Industriestaaten den Schritt zur CO_2-Neutralität bereits wesentlich früher als im Jahr 2100 vollziehen. Die Ziele des Pariser Übereinkommens spiegeln sich für Deutschland im „Klimaschutzplan 2050" der Bundesregierung wider, der ebenfalls 2016 entstand. Danach soll in Deutschland bis 2050 die Nutzung fossiler Brennstoffe nicht mehr die Regel, sondern nur noch die Ausnahme darstellen [23].

Wie in Abschn. 1.2.1 erläutert, sind die Vorräte an fossilen Brennstoffen noch erheblich. Eine rechtzeitige Verringerung der CO_2-Emissionen wird sich daher sicherlich nicht aus der Erschöpfung der fossilen Brennstoffe ergeben. Klimaforscher schätzen, dass die Atmosphäre zur Erreichung des Zwei-Grad-Ziels insgesamt nicht mehr als 870 bis 1240 Gigatonnen (Gt) CO_2 aufnehmen kann, die Verbrennung aller geschätzten Vorräte an fossilen Brennstoffen würde aber ca. 11.000 Gt CO_2 freisetzten [24]. Aus dieser Bilanz kann also geschlossen werden, dass ca. 90 % der fossilen Energieträger in der Erde verbleiben müssen, damit das Zwei-Grad-Ziel erreicht werden kann. Damit einhergehend würden die beschriebenen Probleme der Importabhängigkeit, gesundheitliche und ökologische Probleme ebenfalls unter der Erde bleiben.

1.3 Das Problem der Speicherung von Wind- und Solarenergie

Auch ohne die enormen langfristigen („externen") Kosten der Nutzung fossiler Brennstoffe ist Solarstrom bereits heute oft preiswerter als zum Beispiel Kohlestrom. Ähnlich ist die Situation bei der Windenergie. Dennoch kann die vollständige Umstellung der Stromerzeugung auf erneuerbare Quellen derzeit noch nicht erfolgen (und in noch weiterer Ferne liegt die Umstellung der Sektoren Wärme und Mobilität). Dies liegt nicht alleine an wirtschaftlichen Interessen der Stromerzeuger oder an den Problemen des Strukturwandels in Kohleabbau-Regionen. Vielmehr stellen auch die Fluktuation von Windstärke und Sonneneinstrahlung und fehlende Speichermöglichkeiten ein nach wie vor ungelöstes Problem für den Ausbau des Anteils erneuerbarer Energien an der Stromerzeugung dar. Intelligente Stromnetze (*smart grids*) können das Problem dieser „Volatilität" abmildern, indem lokale Fluktuationen durch eine intelligente, überregionale Verteilung des Stroms aufgefangen werden. Wegen der Energieverluste und auch der notwendigen Investitionen in die elektrischen Leitungssysteme gibt es hierbei jedoch auch Grenzen. Die gefürchteten „Wind-Sonne-Flauten" können sich an manchen Tagen über ganz Nord- und Mitteleuropa erstrecken. Eine Einbeziehung noch entfernterer

Gebiete wie z. B. Nordafrika in das europäische Stromsystem ist wegen der Leitungsverluste beim Stromtransport und Aspekten der Versorgungssicherheit aus heutiger Sicht wenig sinnvoll.

Eine weitgehende Umstellung der Stromerzeugung auf Photovoltaik und Windkraft erfordert also neue Optionen zur Energiespeicherung. Hierbei bedarf es alternativer Wege, welche die vorhandenen Möglichkeiten der Stromspeicherung (z. B. Batterien oder Pumpspeicher) ergänzen. Hohe Kosten je Energieeinheit, der hohe Bedarf an teilweise unzureichend verfügbaren Materialien und insbesondere auch die geringe Energiespeicherdichte machen aber beispielsweise die ausschließliche Nutzung von Batterien zur Speicherung von Wind- oder Solarenergie zu einer wenig attraktiven und auf großer Skala unrealistischen Option.

Das Energiespeicherproblem berührt auch die Vision einer vollständigen Elektrifizierung des Transportsektors, der Elektromobilität. Die Vorteile der E-Mobilität mit Einsatz von Batterien und Elektromotoren sind evident, wobei auch der hohe Wirkungsgrad von Elektromotoren (>90 %) im Vergleich zu Verbrennungsmotoren (Spitzenwerte liegen bei 35 %) ein starkes Argument sind. Aber es stellt sich die Frage nach der breiten Verfügbarkeit der benötigten Rohstoffe. Und die geringe Energiespeicherdichte, konkret das hohe Volumen und Gewicht der elektrischen Batterien (s. Kasten 1.8), stellen eine wesentliche Einschränkung dar. Nicht nur die Kosten, sondern auch Gewicht und Volumen der Batterien begrenzen die mit angemessenem Aufwand erreichbare Reichweite. Beim PKW kann dieses Problem zumindest in dicht besiedelten Gebieten mit guter Auflade-Infrastruktur vermutlich befriedigend gelöst werden. Beim Langstrecken-Flugverkehr ist das hohe Batteriegewicht jedoch ein „No-Go" hinsichtlich einer kompletten Elektrifizierung. Und auch beim Überseeschiffsverkehr ist ein kompletter Betrieb auf Batteriebasis wohl kaum realisierbar. Der Übergang von fossilen zu nachhaltigen, nicht-fossilen Brennstoffen erscheint hier als ein attraktiver Lösungsansatz.

Kasten 1.8 Energiespeicherdichten im Vergleich (in Anlehnung an [25])
Brennstoffe wie Kohle, Benzin, Propan, Methan oder Wasserstoff speichern Energie, die bei der Verbrennung wieder freigesetzt wird. Diese Energie kann als Heizwert quantitativ angegeben werden, der entweder auf das Gewicht (in kg) oder auf das Volumen des Stoffes (in Liter oder Kubikmeter) bezogen

wird (Tab. 1.1). Anstelle des Heizwertes findet auch der „Brennwert" Verwendung, bei dem neben der Energie, die direkt während des Verbrennungsprozesses freigesetzt wird, auch die Wärmeenergie der heißen Verbrennungsprodukte, insbesondere Wasser und CO_2, berücksichtigt wird. Folglich ist der Brennwert immer höher als der Heizwert, meist um ca. 10 Prozent. Die klassischen fossilen Brennstoffe wie Benzin und Dieselöl zeichnen sich sowohl bezogen auf das Volumen (je Liter) als auch auf das Gewicht (je kg) durch eine hohe Energiedichte aus. Die Speicherdichte von Gasen wie Methan oder Wasserstoff ist bezogen auf ihr Gewicht (je kg) besonders hoch. Das benötigte Speicher- bzw. Tankvolumen hängt jedoch davon ab, unter welchen Druck das Gas sich befindet (z. B. 200 bar in einem heutigen PKW-Gastank) oder ob es bei tiefen Temperaturen in flüssiger Form gelagert ist. Insbesondere Wasserstoff zeichnet sich durch eine herausragende Speicherdichte je Kilogramm aus, jedoch ist der Volumenbedarf beim derzeit üblichen Druck für H_2-Tanks von 200 bar vergleichsweise hoch.

Tab. 1.1 Energiespeicherdichte für verschiedene Brennstoffe und Vergleich mit Batteriespeichern. Die Zahlenwerte beziehen sich alleine auf den Brennstoff und beinhalten nicht Volumen oder Gewicht des Speicherbehälters (Tank). Als Bezugsgröße angegeben ist jeweils der Brennstoffbedarf, um 10 Liter Leitungswasser zum Kochen zu bringen (Erhitzen von 15 °C auf 100 °C), was einem Energiebedarf von etwa 1 kWh entspricht. (Tabelle nach [25])

Energie speichernder Stoff	Energie je Gewicht (pro Kilogramm)		Energie je Volumen (pro Liter)	
	Energie bzw. Heizwert **je kg**	Gewicht für 10 Liter Kochwasser	Energie bzw. Heizwert **je Liter**	Volumen für 10 Liter Kochwasser
Benzin	12,5 kWh	80 g	9,2 kWh	0,1 L
Methan (Erdgas)[a]	14 kWh	70 g	2,2 kWh	0,5 L
Wasserstoff[b]	33 kWh	30 g	2,4 kWh	0,4 L
Wasserstoff[c]	33 kWh	30 g	0,6 kWh	1,7 L
Hochleistungs-Batteriezelle[d]	0,25 kWh	4000 g	0,7 kWh	1,4 L

[a]Drucktank 200 bar; [b]Flüssiggas-Tank; [c]Drucktank 200 bar; [d]bei der elektrischen Batteriespeicherung können keine allgemeinen, technologieunabhängigen Werte angegeben werden. Die hier genannten Daten beziehen sich auf spezielle, besonders leistungsfähige Batteriezellen (24 cm³ Zellen der Firma Tesla, Model 2170). Dabei ist der zusätzliche Gewichts- und Raumbedarf für die Anordnung und Temperierung von z. B. drei- bis fünftausend derartiger Zellen in einem PKW nicht berücksichtigt

Literatur

1. Abbildung „Entwicklung des Weltenergieverbrauchs im Industriezeitalter (von 1860 bis 2010)". www.oekosystem-erde.de/html/energiegeschichte. html. Zugegriffen am 04.07.2018
2. Daten aus: BP: Statistical Review of World Energy. www.bp.com/en/global/corporate/energy-economics/statistical-review-of-world-energy.html. Zugegriffen am 22.08.2017; Graphik aus: acatech (Hrsg.): Künstliche Photosynthese. München (2018)
3. Sieferle, R.P.: Der unterirdische Wald. C. H. Beck, München (1982)
4. Für zahlreiche, regelmäßig aktualisierte Daten des Bundeministeriums für Wirtschaft und Energie. www.bmwi.de. Zugegriffen am 12.06.2018
5. Aktuelle Daten zur Stromproduktion in Deutschland stellt das Fraunhofer-Instituts für Solare Energiesysteme (ISE) bereit. www.energy-charts.de. Zugegriffen am 12.06.2018
6. acatech/Leopoldina/Akademienunion: Sektorkopplung – Optionen für die nächste Phase der Energiewende (Schriftenreihe zur wissenschaftsbasierten Politikberatung) (2017)
7. Meadows, D.H., Zahn, E., Meadows, D.: Die Grenzen des Wachstums. Bericht des Club of Rome zur Lage der Menschheit. Deutsche Verlags-Anstalt, Stuttgart (1972)
8. von Weizsäcker, E.U., Wijkman, A.: Wir sind dran. Club of Rome: Der große Bericht, 4. Aufl. Gütersloher Verlagshaus, Gütersloh (2017)
9. www.bgr.bund.de/DE/Themen/Energie/Erdoel/erdoel_node.html. Zugegriffen am 12.06.2018
10. Karlsch, R., Stokes, R.G.: Faktor Öl. Die Mineralölwirtschaft in Deutschland 1859–1974. C. H. Beck, München (2003)
11. Berthold, J.: Der Krieg und das Öl. Zeitgeschichte-online.de/kommentar/der-krieg-und-das-oel (2014)
12. beyond-coal.eu/data/. Zugegriffen am 18.06.2018
13. fortune.com/2014/11/05/the-cost-of-chinas-dependence-on-coal-670000-deaths-a-year. Zugegriffen am 12.06.2018
14. www.aerzteblatt.de/archiv/171122/Umwelt-und-Gesundheit-Gefahr-aus-Kohlekraftwerken. Zugegriffen am 12.06.2018
15. www.who.int/news-room/fact-sheets/detail/ambient-(outdoor)-air-quality-and-health. Zugegriffen am 12.06.2018
16. www.env-health.org/IMG/pdf/heal_coal_report_de.pdf. Zugegriffen am 12.06.2018
17. www.greenpeace.de/sites/www.greenpeace.de/files/erdoel_gefahr_fuer_die_umwelt_0.pdf, S. 3. Zugegriffen am 12.06.2018
18. Agentur für Erneuerbare Energien: Nachhaltigkeit von Bioenergie und fossilen Energieträgern im Vergleich, S. 15 (2012). www.unendlich-viel-energie.de. Zugegriffen am 12.06.2018

19. www.wwf.de/fileadmin/fm-wwf/Publikationen-PDF/WWF-Hinter-grundinformation-Profit-um-jeden-Preis-OElfoerderung-in-Naturregio-nen.pdf. Zugegriffen am 12.06.2018 (2014)
20. Für den jeweils aktuellen Stand siehe z. B. www.esrl.noaa.gov/gmd/ccgg/trends/global.html. Zugegriffen am 12.06.2018
21. IPCC, Fifth Assessment Report (2013) www.ipcc.ch/report/ar5. Zuge-griffen am 12.06.2018
22. www.bmu.de/fileadmin/Daten_BMU/Download_PDF/Klimaschutz/pa-ris_abkommen_bf.pdf. Zugegriffen am 12.06.2018
23. www.bmu.de/fileadmin/Daten_BMU/Download_PDF/Klimaschutz/kli-maschutzplan_2050_bf.pdf. Zugegriffen am 12.06.2018
24. Jakob, M., Hilaire, J.: Unburnable fossil-fuel reserves. Nature. **517**, 150 (2015)
25. acatech – Deutsche Akademie der Technikwissenschaften, Nationale Akademie der Wissenschaften Leopoldina, Union der deutschen Akade-mien der Wissenschaften (Hrsg.): Künstliche Photosynthese. Forschungs-stand, wissenschaftlich-technische Herausforderungen und Perspektiven. acatech, München (2018)

Die Vision: Nutzung der Solarenergie nach dem Vorbild der Natur

2

2.1 Das Potenzial der Solarenergie

Sonnenlicht ist die ultimative erneuerbare Ressource: Überall auf der Welt kostenlos verfügbar, liefert die Sonne pro Jahr eine Energiemenge von etwa $1,5 \cdot 10^{18}$ kWh auf die Erdoberfläche – tausendfach mehr, als die gesamte Menschheit verbraucht. Für die Energieumwandlungsprozesse der Natur sind CO_2 aus der Atmosphäre und Wasser (H_2O) die Ausgangsstoffe. Bei der natürlichen Photosynthese wandeln Pflanzen oder Algen diese Ausgangsstoffe mithilfe von Sonnenlicht als Energiequelle in organische Verbindungen um. Die direkte Umwandlung von Sonnenenergie – so die Vision, die mit dem Begriff „Künstliche Photosynthese" beschrieben wird – geht nicht den Umweg über Biomasse, die anschließend weiter umgewandelt (oder schlicht verbrannt) wird. Stattdessen nutzt sie Wasser, CO_2 und/oder den Stickstoff der Luft als Rohstoffe, um aus ihnen direkt Wasserstoff, energiereiche Kohlenstoffverbindungen oder Ammoniak zu gewinnen. Die wiederum haben vielfältige Anwendungen als Energieträger oder Chemierohstoffe. Als Vorteile der Nutzung von Sonnenenergie für solche Prozesse werden u. a.

© Springer-Verlag GmbH Deutschland, ein Teil von Springer Nature 2019
H. Dau et al., *Künstliche Photosynthese*, Technik im Fokus,
https://doi.org/10.1007/978-3-662-55718-1_2

folgende Punkte gesehen, die insbesondere vor dem Hintergrund der in Abschn. 1.2 erörterten Probleme fossiler Rohstoffe zu bewerten sind:

- Solarenergie ist im Gegensatz zu fossilen Energieträgern nach menschlichem Ermessen unbegrenzt verfügbar.
- Die Nutzung von Solarenergie erspart Brennstoffimporte.
- Die Verbrennung solarer Brennstoffe kann zwar auch zu CO_2-Emissionen führen. Da das bei ihrer Verbrennung entstehende Kohlendioxid aber selbst zum größten Teil der Atmosphäre entstammt, ist der Gesamtprozess weitgehend CO_2-neutral.
- Durch die gezielte Entwicklung neuartiger Brennstoffe lassen sich andere unerwünschte Emissionen (wie z. B. Feinstaubpartikel) ggf. stark verringern.

2.2   Die Vision der Künstlichen Photosynthese in Wissenschaft, Literatur, Kunst und Medien

So verwundert es nicht, dass die Idee der „Künstlichen Photosynthese" und die damit verbundenen Technologien (z. B. Katalyse, Photovoltaik, Biotechnologie) die Fantasie von WissenschaftlerInnen, KünstlerInnen und DesignerInnen seit langem anregen. Im Wechselspiel von Literatur und Forschung befruchten sich diese Bereiche gegenseitig: Die Forschung zeigt Herausforderungen und Fortschritte, die Literatur spinnt Visionen und „Technikzukünfte". Im Folgenden werden hierzu einige Beispiele gegeben.

Wissenschaftsgeschichte
Die Historikerin Kärin Nickelsen beschreibt, wie die biochemischen und biophysikalischen Mechanismen der Photosynthese von verschiedenen Generationen von WissenschaftlerInnen untersucht worden sind und wie sich unser Verständnis der Photosynthese über die Jahrzehnte wandelte [1]. Um 1900 widmeten sich viele ChemikerInnen der Photosynthese – oft mit der Motivation, selbst Ansätze der Nachahmung, also zur Künstlichen

Photosynthese zu entwickeln. Richard Willstätter sah seine Arbeiten im Wesentlichen als Vorstudien zum eigentlichen Ziel, einer künstlichen Zuckersynthese im Reagenzglas nach biologi-
schem Vorbild. Im Jahr 1911 wies der damals gerade frisch mit
dem Nobelpreis ausgezeichnete Physikochemiker Wilhelm Ostwald bereits auf ein weiteres, sehr wichtiges Merkmal der biologischen Photosynthese hin, nämlich ihre Nachhaltigkeit: „Gegenüber dem Rade einer gewöhnlichen Mühle scheint dieses
chemische Rad den Vorzug zu haben, daß es niemals abgenutzt
werden kann, denn das Kohlenstoffatom ändert keine seine Eigenschaften auch nur im mindesten, ob es zum ersten oder zum
millionsten Male den Kreislauf durchmacht"[2].

Unter dem Titel „The photochemistry of the future" stellte der
italienischer Chemiker Giacomo Ciamician bei einem Vortrag auf
dem 8. Internationalen Kongress für Angewandte Chemie in
New York bereits im Jahr 1912 einige Herausforderungen und
Chancen der Künstlichen Photosynthese dar, die bis heute gültig
sind und teilweise unverändert von ihren Fürsprechern zu hören
sind [3]:

- Der Rohstoff Kohle als „Solarenergie in der am stärksten kon-
  zentrierten Form", wurde in langen Zeiträumen angesammelt –
  und wird irgendwann aufgebraucht sein.
- Die Solarenergie, die an einem Tag in den Tropen auf 1 m² fällt,
  entspricht der Verbrennungsenergie von mehr als 1 kg Kohle:
  „Die Wüste Sahara mit 5 Millionen km² empfängt täglich Solarenergie, die 6 Millionen t Kohle entspricht"
- (nachwachsende) Pflanzen statt Kohle: „… wir [werden] es
  vielleicht schaffen, dass Pflanzen Stoffe erzeugen – in viel größerer Menge als bislang die für unser modernes Leben nütz-
  lich sind, und die wir derzeit nur mit großer Mühe und geringen Ausbeuten aus Kohleteer erhalten"
- … und vielleicht geht es ja auch ganz ohne Pflanzen, indem
  man nach dem Vorbild der Biologie photochemische Prozesse
  nutzt, die Solarenergie einfangen: „Mit geeigneten Katalysatoren sollte es möglich sein, Wasser und CO_2 in Sauerstoff und
  Methan umzuwandeln".

Ciamician gilt als inspirierender Pionier der Photochemie, dessen Arbeitsweise Richard Willstätter in einem Nachruf auf den berühmten italienischen Wissenschaftler so beschrieb: „Auf dem Dache des Bologneser Laboratoriums waren allzeit in Dutzenden von Glasgefäßen die Lösungen organischer Verbindungen den Sonnenstrahlen preisgegeben (Abb. 2.1). Die Zufuhr der Lichtenergie ruft Zersplitterungen der Moleküle hervor und Neuverknüpfungen der freiwerdenden Atomgruppen und Verschiebungen, die klarzulegen eine lohnende Aufgabe für die analytische Kunst war" [4]. Solche Prozesse einer durch Licht angetriebenen Chemie befruchteten auch die Forschung zur Künstlichen Photosynthese.

Aktuelle Wissenschaft und Technik
Bis heute hat die Idee der Künstlichen Photosynthese auch in der Wissenschaft nichts von dieser frühen Faszination verloren. So stellt Amina Khan in „Adapt: How We Can Learn from Nature's Strangest Inventions" das Künstliche Blatt durchaus realistisch als eines von acht Beispielen vor, wie wir „von den merkwürdigsten Erfindungen der Natur lernen können" [5]. Unter den fünf

Abb. 2.1 Der italienische Chemiker Giacomo Luigi Ciamician (1857–1922) inspiziert Reaktionsgefäße für photochemische Reaktionen, die auf dem Dachgarten eines Institutsgebäudes der Universität Bologna der Sonne ausgesetzt wurden. (Courtesy of Department of Chemistry „Giacomo Ciamician" – Alma Mater Studiorum - Università di Bologna)

Visionen der „Nanosystems Initiative Munich" wird die Künstliche Photosynthese unter der Überschrift „Treibstoff aus Licht" vorgestellt: „Könnte man künstliche Blätter entwickeln, die mit Sonnenenergie umweltfreundliche Treibstoffe erzeugen?" [6]. Und im BMBF- Strategieprozess „Nächste Generation biotechnologischer Verfahren – Biotechnologie 2020+" stand als eines von vier Ergebnissen der Innovations- und Technikanalyse das „Biomimetische Solarpaneel" im Fokus [7].

Wenn im Koalitionsvertrag der deutschen Bundesregierung 2018 eine ressortübergreifende Agenda „Von der Biologie zur Innovation" angekündigt wird [8], die gemeinsam für Wirtschaft, Wissenschaft und Zivilgesellschaft erarbeitet werden soll, könnte die Künstliche Photosynthese also durchaus ein Musterbeispiel darstellen. In einer Übersicht „Biologische Transformation und Bioökonomie" der Fraunhofer-Gesellschaft wird ebenso betont, dass die Orientierung an der Biologie zu Systemen führen kann, die effizient, dezentral und miniaturisiert sind [9].

Ein „Glowing Plant Projekt" will künstliche Straßenbeleuchtung durch leuchtende Pflanzen ersetzen – Energie wird tagsüber durch Photosynthese absorbiert und nachts dank eingeschleuster „Leuchtgene" aus Glühwürmchen wieder abgestrahlt [10]. Andere Forscher wollen Fische züchten, die mithilfe photosynthetischer Bakterien Solarenergie nutzen – u. a. um dadurch die Evolution von Chloroplasten und Mitochondrien zu untersuchen [11]. Und das Unternehmen Arup, das u. a. Gebäudeplanungen betreibt, hat in Hamburg ein Niederenergiegebäude mit Mikroalgenfassadensystem errichtet. Durch die kontrollierte Kultivierung von Mikroalgen wird erneuerbare Energie in Form von Biomasse und Solarthermie gewonnen [12]. Nicht alle diese Projekte sind zwar direkt als Künstliche Photosynthese zu bezeichnen, thematisieren aber ebenfalls neue Wege und Anwendung der direkten Umwandlung von Solarenergie.

Literatur

Der französische Autor Jules Verne hat die Vision vor bald 150 Jahren in seinem Buch „Die geheimnisvolle Insel" formuliert. Er lässt den Ingenieur Cyrus Smith auf die Frage, womit die Menschheit nach Erschöpfung der natürlichen Brennstoffe heizen werde, sagen: „Wasser, doch zersetzt in seine chemischen Elemente und zweifelsohne zersetzt durch Elektrizität. Ich glaube, dass eines Tages Wasserstoff und Sauerstoff, aus denen sich Wasser zusammensetzt, allein oder zusammen verwendet, eine unerschöpfliche Quelle von Wärme und Licht bilden werden, stärker als Steinkohle." [13]

Auch der britische Schriftsteller Ian McEwan webt 2010 in einen Roman „Solar" Wissenschaftsgeschichte, aktuelle Forschung, Hoffnungen und Spekulationen zusammen. Im Mittelpunkt steht Michael Beard, Physiker, Nobelpreisträger, der sich vor den Karren eines Unternehmens spannen lässt, das Solartechnik auf Basis der Photosynthese entwickeln will. Der Protagonist schildert die Herausforderung – durchaus in Einklang mit den Ideen von Ciamician zu Beginn des 20. Jahrhunderts: „… unsere industrielle Revolution steht und fällt mit billiger, leicht zugänglicher Energie. Ohne die wären wir nicht weit gekommen. […] Doch leider bleibt uns keine Wahl. Wir brauchen so schnell wie möglich Ersatz für unser Benzin – aus drei zwingenden Gründen. Erstens natürlich, weil uns das Öl ausgeht. […] Zweitens sind viele Ölförderländer politisch instabil, wir können uns eine so starke Abhängigkeit von ihnen nicht leisten. Drittens, und das ist der wichtigste Punkt: Indem wir durch Verfeuerung fossiler Brennstoffe Kohlendioxid und andere Gase freisetzen, heizen wir den Planeten auf, mit Folgen von einem Ausmaß, das wir gerade erst zu erahnen beginnen." [14]

McEwan formuliert sodann die Vision der Künstlichen Photosynthese: „Es gibt ein Dutzend bewährte Methoden, Strom aus Sonnenlicht zu gewinnen, aber die größte Erfindung haben wir noch vor uns, und die liegt mir besonders am Herzen. Ich rede von Künstlicher Photosynthese, der Nachahmung jenes Verfahrens, das von der Natur in drei Milliarden Jahren bis zur Perfektion entwickelt wurde. Wir werden mit Hilfe von Licht aus Wasser billigen Wasserstoff und Sauerstoff machen und unsere Turbinen Tag und Nacht laufen lassen, wir werden aus Wasser, Sonnenlicht und Kohlendioxid Treibstoff herstellen, wir werden Meerwasserentsalzungsanlagen bauen, die außer frischem Wasser auch Strom erzeugen." Und: „Ein Außerirdischer, der auf unserem Planeten landet und sieht, welche Unmenge an Sonnenenergie auf ihn einwirkt, wäre überrascht zu erfahren, dass wir ein Energieproblem zu haben glauben, dass wir jemals auf die Idee kommen konnten, uns selbst zu vergiften, indem wir fossile Brennstoffe verbrauchen und Plutonium herstellen."

Zur Beschreibung des Forschungsstandes beginnt der Autor mit der erstmaligen thermischen Zersetzung von Wasser in Wasserstoff und Sauerstoff: Der französische Chemiker Antoine Laurent de Lavoisier ließ Ende des 18. Jahrhunderts Wasserdampf durch einen Flintenlauf mit Eisennägeln laufen, der durch ein Kohlefeuer auf Rotglut erhitzt war. Durch die Hitze wird Wasser zerlegt in die Elemente: Sauerstoff oxidiert Eisen, und Wasserstoff wird freigesetzt. Dann beschreibt McEwan den großen wissenschaftshistorischen Bogen: „Unzählige Biologen und Physiker hätten sich der Erforschung der Photosynthese gewidmet. Einsteins Photovoltaik und die Quantenmechanik hätten ebenso ihren Beitrag geleistet wie die Chemie, die Materialwissenschaften, die Proteinsynthese – praktisch die gesamten Naturwissenschaften hätten auf die eine oder andere Weise etwas […] beigesteuert". Und er endet in Spekulationen, welche Rolle Quanteneffekte in der Photosynthese spielen, „da kein Mensch bis ins Letzte versteht, wie Pflanzen funktionieren, auch wenn alle so tun, als wüssten sie es: „Quantenkohärenz ist der Schlüssel zur Effizienz, […] das System tastet alle Energietransferwege auf einmal ab."

So überträgt sich die Faszination der Künstlichen Photosynthese auch auf literarische Darstellungen.

Kunst und Architektur
Ausgehend von der Ausstattung vieler Dächer mit Silizium-Photovoltaik in den vergangenen Jahrzehnten, scheint die Architektur besonders aufgeschlossen zu sein, neue Formen der Sonnenenergie zu nutzen. Ein Beispiel sind Fassadensysteme mit Algen-Photo-Bioreaktoren aus Glas.

Der Glaskünstler Bernd Nestler gestaltet dekorative Fassaden, die gleichzeitig durch Photovoltaik Strom erzeugen (Abb. 2.2). Wenn dies technisch auch eher konventionell ist, vermittelt die Idee „Kunst setzt Energie frei" eine Verbindung zwischen Kunst und Energieerzeugung [15].

Abb. 2.2 Fassaden
aus Glas, die Strom
erzeugen: Beispiel
von Bernd Nestler aus
http://solarkunst.com/
solarkunst/

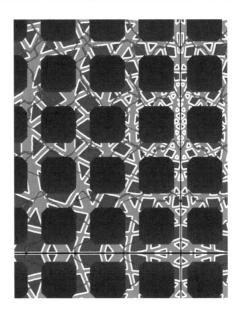

Im Rahmen des niederländischen Forschungsprogramms
„BioSolarCells" wurden KünstlerInnen eingeladen, das Potenzial der Forschung an Künstlicher Photosynthese auszuloten
[16]. Auf diese Weise lässt sich die Perspektive erweitern, denn
KünstlerInnen und weitere Interessierte interpretieren Bilder der
Wissenschaft in neuer Art. Ein Beispiel für eine ethische De-
batte betraf den „Solar-powered Fish": Zebrafische benötigen
durch gentechnisches Einpflanzen von pflanzlichen Chloroplasten weniger Nahrung, weil sie einen Teil der Energie durch Sonnenlicht aufnehmen konnten. Auf diese Weise kann die Vision
der Künstlichen Photosynthese in nicht-technischer Weise allgemein zugänglich dargestellt werden und einen alternativen
Ausgangspunkt für eine tiefergehende Information oder Dialog
zum Thema bieten.

Medien und Wissenschaftskommunikation
Die Vision der Künstlichen Photosynthese und damit verbun-
dene Narrative (zu einer neuartigen, nachhaltigen Energiequelle
nach dem Vorbild der Natur) trägt auch dazu bei, dass das Thema

regelmäßig in den Medien aufgenommen wird: Durchbrüche, große Versprechungen und unklare Einordnung der Effizienz und Stabilität – die Berichterstattung zu Künstlicher Photosynthese differenziert aber leider nicht immer zwischen belastbaren und klar eingeordneten Forschungsergebnissen und bloßen Visionen und Versprechungen. So liest man folgende Überschriften und Behauptungen:

- „Bionisches Blatt macht aus Sonnenlicht Treibstoff", und dabei hätten die Forscher „die Effizienz der Natur deutlich übertroffen". Leider werden der Begriff der Effizienz und die mit ihm verknüpften Bezugsgrößen nicht näher dargestellt, so dass die Leser den Fortschritt nicht einschätzen können.
- „[D]ie Ausbeute an Wasserstoff ist mit 8500 Wasserstoff-Molekülen pro Katalysator-Molekül recht hoch" – auch diese Angabe ist für die Leser schwer einzuschätzen: Ist das wirklich viel, oder doch eher wenig im Bereich der Katalyse?
- Und angeblich wurde ein „Durchbruch bei regenerativer Energie" erreicht, weil der Wirkungsgrad der solaren Wasserspaltung „von 12,4 auf 14 Prozent" gesteigert wurde. Da gehört schon einiger Optimismus dazu, hier von einem „Durchbruch" zu sprechen.

Hier wäre an das Gebot einer angemessenen Wissenschaftskommunikation zu erinnern: „Wissenschaftskommunikation muss […] Versuchungen zur strategischen Instrumentalisierung von Kommunikation widerstehen – sei es aus eigennützigen oder uneigennützigen Gründen. Genannt seien beispielsweise das Übertreiben von Forschungserfolgen und Anwendungsnähe („Hyping"), eine einseitige Thematisierung von Vorteilen oder das Ausblenden von Unsicherheiten bei der Lösbarkeit wissenschaftlich-technischer Probleme oder des Zeithorizonts, in dem technische Anwendungen der Künstlichen Photosynthese praktisch einsetzbar sind" [17].

Information und Dialog zwischen Wissenschaft, Wirtschaft, Politik und Gesellschaft (siehe Kap. 8) können und müssen dazu beitragen, dass Chancen und Herausforderungen der

Künstlichen Photosynthese – ausgehend von der Vision einer nachhaltigen Energieversorgung – ausgewogen und transparent dargestellt werden.

2.3   „Desertec": Lehren aus einer vorerst gescheiterten Vision

Bis heute konnte die Vision der Künstlichen Photosynthese nicht realisiert werden. Dazu müssten sehr große Anlagen gebaut werden, in denen – angetrieben durch Solarenergie – Wasser und Bestandteile der Luft zu Brenn- und Wertstoffen umgesetzt werden. In der jüngsten Vergangenheit gab es besonders eine prominente Initiative mit einer verwandten Vision, aus der zu lernen ist, dass bei Versuchen der Realisierung nicht allein technische Probleme auftreten:

Im Jahr 2009 wurde ein Konsortium mit 13 meist deutschen Firmen ins Leben gerufen, die „Desertec Industrial Initiative", an dem als Gründungsmitglieder u. a. ABB, Munich Re, RWE, Siemens und Schott Solar beteiligt waren und die eine Vision „Strom aus der Wüste" verfolgte. Nach fünf Jahren wurde diese Initiative bereits wieder aufgelöst. Warum?

Tatsächlich gibt es in der Wüste Nordafrikas viel Platz und viel Sonne. „125 mal 125 Kilometer reichen rein rechnerisch für Europa", so einer der Firmensprecher [18]. Der Plan bestand darin, bis 2050 rund 15 Prozent des europäischen Strombedarfs auf diese Weise zu decken, die Investitionskosten wurden auf 400 Milliarden Euro geschätzt. Als technisches Grundprinzip sollte dabei Solarthermie zum Einsatz kommen: ein Öl wird in Röhren erhitzt, wenn Sonnenlicht durch computergesteuerte Spiegel darauf konzentriert wird. Das erhitzte Öl dient danach zur Dampferzeugung und schließlich wandeln Turbinen die Dampfenergie in Strom um. Zwischengeschaltet ist ein Tank mit Flüssigsalz, in dem die Wärme des Tages gespeichert wird, so dass auch nachts Strom erzeugt werden kann.

Am Ende waren es weniger technische Probleme – man machte sich u. a. Sorgen um die Beanspruchung der Anlagen durch Wüstensand, Übertragungsleitungen für den Strom bis nach Mitteleuropa – als vielmehr die unsicheren politischen Verhältnisse in

Nordafrika und die Uneinigkeit der Konsortialpartner darüber, wohin der Strom geliefert werden könnte und sollte, die zum Aus von Desertec führten. Von Anfang an stand die Frage nach dem Sinn von Großprojekten im Raum, die Energie weitab vom Konsumenten erzeugen. Die Journalistin Alexandra Borchardt bilanzierte in einem Artikel mit der Überschrift „Lektionen aus der Wüste: Ingenieure, Manager und Wissenschaftler ersetzen keine Politik": „PR darf nicht verwechselt werden mit politischem Dialog und Prozess" und „Klein, dezentral und umkehrbar geht vor groß und zentral" [19].

Allerdings gibt es eine weitere Option für die Zukunft: Nach dem Motto „Große Visionen schaffen kleine Projekte und Ideen" wurde 2016 in Marokko, das seine Nutzung erneuerbarer Energien massiv ausbauen will, das erste (solarthermische) Kraftwerk des größten, weltweit in Planung befindlichen Solarenergie-Komplexes eröffnet. Nach der Fertigstellung soll die komplette Anlage eine Fläche von 30 Quadratkilometern bedecken, eine Leistung von 580 Megawatt liefern und so Strom für 1,3 Millionen Menschen erzeugen [20].

Neuauflagen der Desertec-Vision denken darüber nach, nicht nur Strom zu erzeugen. Im Sinne der Künstlichen Photosynthese wäre es eine Option, in zentralen Anlagen auch Wasserstoff oder andere chemische Energieträger zu produzieren. Ähnlich kommt eine Abschätzung technischer und ökonomischer Aspekte für zentrale Anlagen auf Basis der photoelektrochemischen Wasserspaltung zu dem Ergebnis, dass Wasserstoff perspektivisch zu konkurrenzfähigen Preisen herstellbar wäre [21]. Und auch „Methanol aus der Wüste" [22] ist eine weitere Idee zur Neuauflage der Desertec-Vision: hier soll Methanol aus elektrolytisch gewonnenem Wasserstoff und CO_2 erzeugt werden.

2.4 Fazit: Mehr als große Versprechungen und gescheiterte Visionen

Das Thema Künstliche Photosynthese bietet reichlich Material für Visionen und zahlreiche Anknüpfungspunkte für Narrative, die in Literatur, Kunst und Medien aufgenommen und entwickelt werden. Literarische Darstellungen von Jules Verne bis zu Ian McEwan zeigen einerseits, wie inspirierend die Idee der Künstlichen Photosynthese auch außerhalb der Wissenschaft ist, und andererseits, dass die Idee der Künstlichen Photosynthese Wurzeln außerhalb der Wissenschaft hat. Erfahrungen mit Projekten, welche ähnliche Visionen umsetzen wollten, die aus verschiedenen Gründen jedoch gescheitert sind, zeigen jedoch deutlich, dass große Versprechungen, Ausblendung von Unsicherheiten und das „Hyping" von Themen in der Kommunikation früher oder später kontraproduktiv ist.

Literatur

1. Nickelsen, K.: Explaining Photosynthesis: Models of Biochemical Mechanisms, 1840–1960. Springer, Netherlands (2015)
2. Ostwald, W.: Die Mühle des Lebens. Thomas, Leipzig (1911)
3. Ciamician, G.: The photochemistry of the future. Science. **36**, 385 (1912)
4. https://badw.de/fileadmin/nachrufe/Ciamician%20Giacomo.pdf. Zugegriffen am 12.06.2018
5. Kahn, A.: Adapt: How We Can Learn from Nature's Strangest Inventions. Atlantic Books, London (2017)
6. www.nano-initiative-munich.de. Zugegriffen am 12.06.2018
7. biooekonomie.de/sites/default/files/biotech2020-bilanz-2013.pdf. Zugegriffen am 12.06.2018
8. www.cdu.de/system/tdf/media/dokumente/koalitionsvertrag_2018.pdf. Zugegriffen am 12.06.2018
9. www.fraunhofer.de/content/dam/zv/de/forschung/artikel/2018/Biologische-Transformation/Whitepaper-Biologische-Transformation-und-Bio-Oekonomie.pdf. Zugegriffen am 12.06.2018
10. www.kickstarter.com/projects/antonyevans/glowing-plants-natural-lighting-with-no-electricit?lang=de. Zugegriffen am 12.06.2018
11. https://hms.harvard.edu/news/odd-couple-fish-photosynthesis. Zugegriffen am 12.06.2018
12. www.arup.com/de-de/news-and-events/news/arup-shows-microalgae-facade-at-the-international-trade-show. Zugegriffen am 12.06.2018
13. Verne, J.: Die geheimnisvolle Insel, 2. Aufl. Arena, Würzburg (1994)
14. McEwan, I.: Solar. Diogenes, Zürich (2012)
15. solarkunst.com. Zugegriffen am 12.06.2018
16. www.biosolarcells.nl. Zugegriffen am 12.06.2018

17. acatech – Deutsche Akademie der Technikwissenschaften, Nationale Akademie der Wissenschaften Leopoldina, Union der deutschen Akademien der Wissenschaften (Hrsg.): Künstliche Photosynthese. Forschungsstand, wissenschaftlich-technische Herausforderungen und Perspektiven. acatech, München (2018)

18. Wandler, R.: Desertec – Strom aus der Wüste. In: Herkt, M., Bartmann, W. (Hrsg.) Vorsicht Höchstspannung, Brockhaus, S. 2012. Gütersloh, München

19. https://voxeurop.eu/de/content/article/3997431-lernen-aus-der-wueste. Zugegriffen am 12.06.2018

20. www.spiegel.de/wirtschaft/soziales/solaranlage-in-marokko-koenig-mohammed-vi-eroeffnet-erstes-kraftwerk-a-1075766.html. Zugegriffen am 12.06.2018

21. Pinaud, B.A., et al.: Technical and economic feasibility of centralized facilities for solar hydrogen production via photocatalysis and photoelectrochemistry. Energy Environ. Sci. **6**, 1983 (2013)

22. Offermanns, H., Effenberger, F.X., Keim, W., Plass, L.: Solarthermie und CO_2: Methanol aus der Wüste. Chem. Ing. Tech. **89**, 270 (2017)

Photosynthese: Das biologische Vorbild

3

3.1 Wasser, Luft und Licht als Rohstoffe

3.1.1 Nachhaltige Energieversorgung der biologischen Welt

Unsere Erde, wie wir sie heute kennen, wäre ohne Photosynthese nicht denkbar. Die sogenannte oxygene Photosynthese hat die heutige Biosphäre, Atmosphäre, Geosphäre und nicht zuletzt die Antroposphäre (also den Lebensbereich der Menschen) der Welt geformt. Die Photosynthese ist das zentrale Element, welches naturgeschichtlich diese Bereiche untrennbar verknüpft, wie es in der Gaia-Hypothese von James Lovelock seinen Ausdruck findet (siehe Kasten 3.1) Für informative Details und weiterführende Referenzen zur Photosynthese sei folgende Literatur zum Thema empfohlen: [1–4]; Jay Hosler hat außerdem eine Darstellung der Grundprinzipien der Photosynthese als Comic geschaffen [5], Abb. 3.1.

© Springer-Verlag GmbH Deutschland, ein Teil von Springer Nature 2019
H. Dau et al., *Künstliche Photosynthese*, Technik im Fokus,
https://doi.org/10.1007/978-3-662-55718-1_3

Abb. 3.1 Auszug aus einem „Wissenschafts-Comic" zur Erläuterung der biologischen Photosynthese [5]. Mit freundlicher Genehmigung von Jay Hossler

Kasten 3.1 Die Gaia-Hypothese

Der Chemiker, Biophysiker und Erfinder James Lovelock (geb. 1919) hat die (durch Photosynthese hervorgerufene) Abweichung in der Komposition der Atmosphäre vom chemischen Gleichgewichtszustand als Charakteristikum für einen belebten Planeten identifiziert und daraus später zusammen mit der Biologin Lynn Margulis (1938–2011) die weitreichende und in ihrer Radikalität durchaus strittige Gaia Hypothese abgeleitet. Als Gaia beschreiben sie den untrennbaren Zusammenhang zwischen Biosphäre, Atmosphäre und Geosphäre. Die gemeinsame Evolution dieser drei Sphären sei für die Entwicklung von Gaia bestimmend. Auf langen Zeitskalen gesehen wäre es falsch zu sagen, dass sich Organismen an eine vorgegebene physikalisch-chemische Umwelt anpassen (adaptieren). Stattdessen gestalten und stabilisieren die Organismen ihre physikalisch-chemische Umwelt. In Gaia existiert eine Hierarchie vernetzter Systeme. Diese reicht von Teilen der biologischen Zellen, über ganze Zellen, mehrzellige Organismen, Öko- und Geosysteme bis hin zu dem globalen Organismus der Erde, der nach einer griechischen Erdgottheit als Gaia benannt ist. Während Lovelock primär die globale Ebene betrachtet, betont die Mikrobiologin Margulis die symbiotischen Vernetzungen und gemeinsame Evolution auf der Ebene von Zellbestandteilen (die bekannte Endosymbiontentheorie wurde von Margulis maßgeblich geprägt), Bakterien und Organismen [6].

Lovelock hat seit den siebziger und achtziger Jahren des vergangenen Jahrhunderts die Gaia-Hypothese in einer Reihe von Büchern erörtert (z. B. [7]). Die Gaia Theorie wurde in jüngster Zeit im Zusammenhang mit globalen Klimaveränderungen und dem Anthropozän-Begriff verstärkt wieder aufgegriffen, unter anderem von dem Wissenschaftssoziologen und Philosophen Bruno Latour unter dem Titel „Kampf um Gaia" [8].

Im Folgenden ist nun beschrieben, warum und wie die biologische Photosynthese diese zentrale Rolle für „Gaia" wahrnehmen kann. Hierbei liegt der Fokus auf den Grundprinzipien der biologischen Photosynthese, die für die nachhaltige Gewinnung von nicht-fossilen Brenn- und Wertstoffen durch Künstliche Photosynthese und verwandte Technologiekonzepte bestimmend sind.

Frühe Formen der Photosynthese waren auf in Gewässern gelöste organische Substanzen oder anorganische Schwefelverbindungen, insbesondere Schwefelwasserstoff (H_2S), angewiesen. Diese Frühformen der Photosynthese waren erdgeschichtlich – auf einer globalen Skala – nicht hinreichend „nachhaltig". Die Versorgung an gelösten organischen Substanzen oder elektronenreichen Schwefelverbindungen war begrenzt. Dieser Rohstoffmangel hat die globale Verbreitung der frühen Photosyntheseformen

auf großer Skala verhindert. Heute finden wir Nachfahren dieser
frühen photosynthetischen Organismen nach wie vor in ökologischen Nischen, insbesondere in anaeroben (sauerstoffarmen) Zonen sowie Gewässern mit extremen pH-Wert oder Salzgehalt, wo
sie ein wichtiger Bestandteil des lokalen Ökosystems sind. Auf
einer globalen Skala jedoch spielt die „anoxygene Photosynthese"
heute nur noch eine untergeordnete Rolle. Angesichts dieser frühen Rohstoff- und Energiekrise gelang der Evolution vor circa 3
Milliarden Jahren ein Durchbruch. Die heutige Form der „oxygenen" (also „Sauerstoff-bildende") Photosynthese betrat die Bühne. In ihr dienen nicht länger in Wasser gelöste organische Substanzen oder Schwefelverbindungen als Rohstoff, sondern das
Wasser selbst. Hierbei wird molekularer Sauerstoff (O_2) freigesetzt – daher die Bezeichnung „oxygene Photosynthese". Da Wasser allgegenwärtig oder zumindest zeitweise in allen belebten
Zonen der Erde verfügbar ist, hat die Nutzung von Wasser als
Rohstoff die Grundlage für die globale Verbreitung der photosynthetischen Produktion von Biomasse gelegt.

Wegen der heutigen bzw. seit ca. 3 Milliarden Jahren dominierenden Rolle der oxygenen Photosynthese einerseits und des Mo-
dellcharakters der Nutzung von Wasser als Rohstoff in der
Künstlichen Photosynthese andererseits wird im Folgenden alleine die oxygene Photosynthese beschrieben. Die Organismen
der oxygenen Photosynthese umfassen alle Landpflanzen, Algen
und Cyanobakterien (letztere auch als Blaualgen bezeichnet,
siehe Kasten 3.2). Zur sprachlichen Vereinfachung entfällt im
Folgenden hierbei das Wort „oxygen"; es wird also generell das
Wort „Photosynthese" zur Bezeichnung der „oxygenen Photosynthese" verwendet.

Kasten 3.2 Organismen der (oxygenen) Photosynthese

Die Cyanobakterien sind die evolutionär ältesten Organismen der oxygenen
Photosynthese. Sie sind bis heute in Süß- und Salzwasser weit verbreitet (sowie auch einige terrestrische Formen) und stellen in vielen Gewässern sogar
die dominierende Gruppe unter den photosynthetischen Mikroorganismen dar.
Sie werden wegen ihrer Grünfärbung mit einer bisweilen leicht bläulichen Tö-
nung auch als Blaualgen bezeichnet, wobei sie formal als zellkernlose Organismen (Prokaryonten) keineswegs als Algen, sondern als Bakterien einzu-
ordnen sind. Im Gegensatz zu den Cyanobakterien sind die eukaryontischen

(zellkernhaltigen) Algen und Landpflanzen nicht nur durch einen separaten Zellkern, sondern auch durch eine räumliche Trennung von Photosyntheseapparat und Zellatmung (Respiration) charakterisiert, die jeweils in separaten Organellen im Inneren der Pflanzenzelle von statten gehen. Die durch Hüllmembranen abgeschlossenen Organellen der Photosynthese in der Pflanzenzelle heißen „Chloroplasten", die der Zellatmung „Mitochondrien". Die Chloroplasten sind durch Aufnahme von Cyanobakterien in eine ursprünglich nicht photosynthetische Zelle entstanden (Endozytose). Nach anfänglicher Symbiose verschmolzen das Erbgut von Symbiont und Gastzelle; das ehemalige Cyanobakterium entwickelte sich zum Chloroplasten. Sowohl Landpflanzen (Gräser, Farne, Blütenpflanzen, Ackerpflanzen, Sträucher, Bäume, etc.) also auch einzellige Mikroalgen oder größere Makroalgen werden als Pflanzen eingeordnet, nicht aber die Flechten, die als spezielle symbiotische Form von Cyanobakterien (oder Algen) und Pilzen gesehen werden.

3.1.2 Summenformel und Schlüsselprozesse

Aus dem Blickwinkel der primären Stoff- und Energie-Flüsse ist die Photosynthese durch die folgende chemische Reaktionsgleichung bzw. „Summenformel der Photosynthese" beschrieben:

Reaktionsgleichung (Summenformel) der Photosynthese

$$\text{Wasser} + \text{Kohlendioxid} \left(CO_2 \text{ aus der Atmosphäre} \right) + \text{Sonnenlicht}$$
$$\rightarrow \text{Glukose-Zucker} + \text{Sauerstoff} \left(O_2 \text{ in die Atmosphäre} \right)$$

Oder als komplette chemische Summenformel:

$$12\,H_2O + 6\,CO_2 \rightarrow C_6H_{12}O_6 + 6\,O_2 + 6\,H_2O$$

Weiter unten ist erklärt, warum Wasser (H_2O) sowohl bei den Ausgangsstoffen bzw. Rohstoffen der Photosynthese (linke Seite der Summenformel) als auch bei den Photosynthese-Produkten (rechte Seite) aufgeführt ist. Kurz in Worten erläutert bedeutet die Summenformel der Photosynthese: Wasser (H_2O) und das Kohlendioxid (CO_2) der Luft dienen als Rohstoffe, aus denen unter Nutzung von Solarenergie verschiedene Kohlehydrate (Zucker, Stärke) gebildet werden. In der obigen Summengleichung ist als „Kohlenstoffprodukt" der Glukose-Zucker ($C_6H_{12}O_6$) genannt, der auch als Traubenzucker bezeichnet wird – weitere Kohlehydrate sind von ähnlich hoher

Bedeutung. Ermöglicht wird die Bildung eines Glukosemoleküls durch die Nutzung der Energie von minimal 48 Lichtquanten.

Aus energetischer Sicht ist der Energieinhalt der Photosyntheseprodukte deutlich höher als der der Ausgangsstoffe. Und so stellen die photosynthetisch gebildeten Kohlehydrate chemisch gespeicherte Solarenergie dar. Glukosemoleküle speichern dabei 2870 kJ/mol an Energie. Anschaulicher ist eine Angabe des Energieinhalts in den Einheiten des elektrischen Energieverbrauchs (kWh = Kilowatt-Stunden) oder auch der Einheit Kilo-Kalorien (kcal). Für ein Kilogramm (kg) Traubenzucker ergibt sich dann ein Energieinhalt von ca. 4,5 kWh bzw. 3800 kcal, was dem täglichen Energiebedarf eines körperlich aktiven Mannes entspricht.

Aus stofflicher Sicht ist die Photosynthese der erste Schritt für den Aufbau des größten Teils der Biomasse der Erde (primäre Biomasseproduktion). Das gasförmige, flüchtige CO_2 der Luft wird zusammen mit den Bestandteilen des Wassers in nichtflüchtige Kohlenhydrate eingebaut und somit „fixiert" bzw. „assimiliert", so dass auch von CO_2-Fixierung oder CO_2-Assimilation gesprochen wird. Erst in sekundären Schritten werden dann aus Kohlenhydraten komplexere Stoffe aufgebaut, die neben Sauerstoff (O), Kohlenstoff (C) und Wasserstoff (H) auch zahlreiche weitere chemische Elemente enthalten können. In der Photosynthese wird die Biomasse aufgebaut, die dann später den anderen, nicht-photosynthetischen Organismen als Nahrungsquelle dient und ihnen ihr Wachstum ermöglicht, die sekundäre Biomasseproduktion. In diesem Sinne profitieren direkt oder indirekt fast alle Organismen der Erde in zweifacher Hinsicht von der Photosynthese: zum einen als Quelle chemisch gespeicherter Energie (und damit von „Brennstoffen" für die Atmung) und zum anderen zur Versorgung mit einem kohlenstoffhaltigen Rohstoff für Wachstum und Vermehrung.

Der Sauerstoff (O_2) der Erdatmosphäre ist ein weiteres Produkt der Photosynthese, gemäß der obigen Summenformel. Der Sauerstoff entweicht als Gas aus der Zelle und sammelt sich – unter anderem – in der Erdatmosphäre an. Der atmosphärische Sauerstoff ermöglicht die Zellatmung und damit eine (Über-)Leben zahlreicher Organismen der Erde, insbesondere aller Pflanzen und Tiere. Aus Sicht der Photosynthese ist der Sauerstoff ein unvermeidliches Nebenprodukt, welches in Zellen auch unerwünschte chemische Nebenreaktionen verursachen kann. Hierbei ist insbesondere die Bildung reaktiver Sauerstoffformen zu nennen (*reactive oxygen species*, ROS), welche verschiedenste Biomoleküle irreversibel schädigen können. Ein Teil der molekularen Ausstattung des Photosyntheseapparats dient speziell der Vermeidung dieser Nebenreaktionen.

Auf der Suche nach den chemischen Schlüsselprozessen teilen wir die obige Gesamtreaktion (Summenformel der Photosynthese) in zwei zentrale Teilreaktionen auf, die Wasserspaltung einerseits und die CO_2-Fixierung andererseits. Die Wasserspaltung ist eine Oxidationsreaktion (= Elektronenabgabe), bei der den Sauerstoffatomen von zwei Wassermolekülen insgesamt vier Elektronen entzogen werden, gemäß der folgenden Gleichung:

a. *Wasseroxidation*

$$2\,H_2O \rightarrow 4\left\{e^-\right\} + 4\,H^+ + O_2\uparrow$$

Hierbei werden die Elektronen nicht freigesetzt, sondern an einen molekularen Elektronenakzeptor gebunden (angedeutet durch die geschweiften Klammern). Die bei der Wasseroxidation ebenfalls gebildeten vier Protonen (H^+) werden im wässrigen Zellmedium gelöst. („Protonen" sind die positiv geladenen Wasserstoffionen, also H^+-Ionen, die im Wasser meist an ein H_2O-Molekül gebunden sind und somit als H_3O^+ vorliegen.) Der Sauerstoff wird freigesetzt, d. h. er verlässt den Organismus und erreicht direkt (bei Landpflanzen) oder indirekt (bei im Wasser lebenden, aquatischen photosynthetischen Organismen) die Erdatmosphäre.

Die zweite grundlegende Teilreaktion der Photosynthese, die CO_2-Fixierung, ist eine Reduktionsreaktion (= Elektronenaufnahme). Das Kohlenstoffatom des CO_2 nimmt dabei formal vier Elektronen auf. Dies geschieht über einen besonders komplexen Reaktionszyklus, der als Calvin-Zyklus bezeichnet wird (nach Melvin Calvin, Nobelpreis für Chemie im Jahre 1961). In relativ stark vereinfachter Form kann die photosynthetische CO_2-Reduktion durch die folgende Gleichung beschrieben werden:

b. CO_2-Reduktion (= CO_2-Fixierung)

$$4\left\{e^-\right\} + 4\,H^+ + CO_2 \rightarrow \left\{CH_2O\right\} + H_2O,$$

wobei $\{CH_2O\}$ für einen Teil eines Kohlehydrat-Moleküls steht, also z. B. ein Sechstel eines Glukosemoleküls ($C_6H_{12}O_6$).

Jetzt erklärt sich auch, warum das Wasser in der „Summenformel der Photosynthese" sowohl auf der linken als auch auf der rechten Seite auftritt: Pro Glukose-Moleküle werden in der Wasseroxidation zwölf Wassermoleküle als Rohstoff benötigt, aber sechs Wassermoleküle bei der CO_2-Reduktion wiederum freigesetzt.

In der Summe werden in der oxygenen Photosynthese also dem Wasser Elektronen entnommen und auf den Kohlenstoff des CO_2 übertragen (Abb. 3.2). Energetisch betrachtet entstehen dabei aus energiearmen Ausgangsstoffen energiereiche Produkte. Der sichtbare Teil des Sonnenlichts liefert die Energie, um die Photosynthese anzutreiben. Hierzu werden Lichtquanten (Photonen) durch

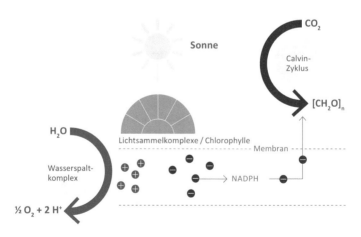

Abb. 3.2 Die Teilprozesse der biologischen Photosynthese im Überblick: Die Wasseroxidation (auch Wasserspaltung genannt), Absorption von Sonnenlicht und Ladungstrennung zur NADPH-Bildung, CO_2-Reduktion und Bildung von Kohlehydraten ([CH_2O]$_n$) wie z. B. Glukosezucker im Calvinzyklus (auch CO_2-Fixierung genannt). (Quelle: Akademienstellungnahme)

das grüne Chlorophyll und andere Pigmente, die in Lichtsammel-komplexen organisiert sind, absorbiert. Es entstehen angeregte Zustände der Chlorophylle, die einen Elektronentransfer bzw. eine Elektronenübertragung von einem „Donor" zu einem „Akzeptor" auslösen. Der Elektronentransfer hinterlässt eine positive Ladung auf der Elektronendonor-Gruppe und erzeugt eine negative Ladung des Elektronenakzeptors. Da Donor- und Akzeptorgruppe getrennt und mit einem festen Abstand in den photosynthetischen Proteinen vorliegen, entspricht der Elektronentransfer einer räumlichen Trennung von Ladungen.

Somit haben wir vier Schlüsselprozesse der biologischen Photosynthese identifiziert:

1. Absorption des Sonnenlichts,
2. Ladungstrennung durch Elektronenübertragung (Elektronentransfer),
3. Wasseroxidation (= Wasserspaltung) und
4. CO_2-Reduktion (= CO_2-Fixierung oder CO_2-Assimilation).

In der Künstlichen Photosynthese muss jeder dieser vier Schlüsselprozesse sein Analogon finden.

3.2 Photosynthese im Licht und im Dunkeln

In den photosynthetischen Organismen werden zwei verknüpfte Reaktionsketten unterschieden, die Lichtreaktionen und die Dunkelreaktionen. Tatsächlich werden nur einzelne Schritte der sogenannten Lichtreaktionen unmittelbar durch Licht angetrieben. Dennoch hat sich die Aufspaltung in Licht- und Dunkelreaktionen in Erforschung und Diskussion der Photosynthese (auch in Lehrbüchern) bewährt.

3.2.1 Architektur der Lichtreaktionen

Die Lichtreaktionen umfassen neben den unmittelbar durch Licht angetrieben photochemischen Schritten eine Serie von Elektronenübertragungen (Elektrontransferschritte), die an Bewegungen von Protonen gekoppelt sind (Abb. 3.3 und 3.4). In der Summe werden dabei nach der Wasserspaltung die Elektronen und Protonen des Wassers auf ein $NADP^+$-Molekül übertragen; es erfolgt die zweifache Reduktion und Protonierung von $NADP^+$, dem Nicotinsäure-amid-Adenin-Dinukleotid-Phosphat, zu NADPH/H$^+$ (NADPH/H$^+$ ist ein Molekülsystem, das an zahlreichen Energiereaktionen in den Zellen beteiligt ist). Im NADPH sind die beiden gebundenen Elektronen hinreichend „energetisiert" für die CO_2-Reduktion. Damit ist

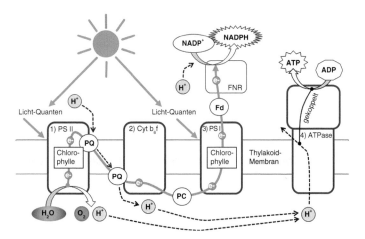

Abb. 3.3 Die photosynthetischen Lichtreaktionen. Vier große Proteinkomplexe sind in einer Lipidmembran, der Thylakoidmembran, eingebettet: 1) das Photosystem II (PSII), 2) der Cytochrom-b6/f-Komplex (Cyt b$_6$f), 3) das Photosystem I (PSI) sowie 4) die ATP-Synthase (ATPase). Hinzu kommen in der Membran bewegliche Plastochinon-Moleküle (PQ), wasserlösliche Proteine (Plastocyanin, PC; Ferredoxin, Fd) und ein weiterer Proteinkomplex, die Ferredoxin-NADP$^+$-Reduktase (FNR). Lichtquanten werden durch die Chlorophylle und andere Pigmente der Photosysteme (PSII und PSI) absorbiert und treiben den Elektronentransport vom H_2O zum $NADP^+$ an. Dabei werden Protonen (H$^+$) auf der Außenseite (das *Stroma*, hier die obere Seite) der Thylakoide aufgenommen und an der Innenseite (das *Lumen*) abgegeben. Der daraus resultierende Unterschied in der Protonenkonzentration liefert die Energie für eine Rotationsbewegung der ATP-Synthase, die an die Bildung von ATP aus ADP gekoppelt ist. Die Stärke der Thylakoidmembran beträgt etwa 5 Nanometer (5 nm = $5 \cdot 10^{-9}$ m, fünf millionstel Millimeter)

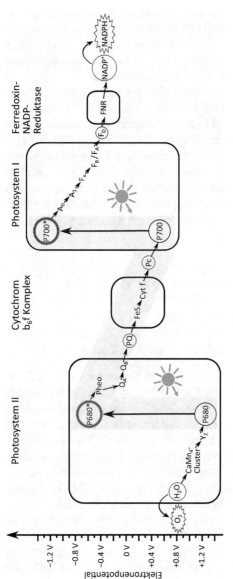

Abb. 3.4 Redoxpotentiale der photosynthetischen Lichtreaktionen – das Z-Schema. Die Skala auf der Ordinate gibt das Gleichgewichtspotential bzw. Redoxpotential der einzelnen Elektronentransfer-Reaktionen in Einheiten der elektrischen Spannung an (in Volt; für einen neutralen pH-Wert von 7 und bezogen auf eine *Normal hydrogen electrode*, NHE). Innerhalb der einzelnen Blöcke sind die jeweiligen protein-gebundenen „Redoxfaktoren" eingezeichnet. Dies sind spezielle Chlorophylle (P680, P700, A_0), ein Pheophytin-Molekül (Pheo), Chinone (Q_A, Q_B, A_1), eine redox-aktive Aminosäure (ein spezifisches Tyrosin, Y_Z), verschiedene Eisenschwefelcluster (FeS, F_x, F_A, F_B) und der Mangan-Calcium-Cluster der Wasseroxidation ($CaMn_4$-Cluster). Weitere Komponenten der gezeigten Elektronentransportkette sind die frei beweglichen Redoxfaktoren PQ, Pc, FD und $NADP^+$/NADPH

gemeint, dass sich die Elektronen nach der durch Solarenergie angetriebenen, mehrstufigen Elektronenübertragung vom Wasser auf
das $NADP^+$ auf einem besonders negativen Redoxpotenzial befinden (Abb. 3.4). Dieses Redoxpotenzial ist hinreichend negativ, um
die Reduktion des CO_2 der Luft zu ermöglichen.

Das NADPH ist das zentrale Produkt der photosynthetischen
Lichtreaktionen. Da es bei der Rückreaktion zu $NADP^+$ zwei energiereiche Elektronen und Protonen freisetzen kann, kann es auch als
„biochemischer Wasserstoffspeicher" (Wasserstoff = H_2 = 2 H^+ +
2 e^-) angesehen werden. Die beiden im NADPH gebundenen, energetisierten Elektronen stellen bereits eine Form chemisch
gespeicherter Solarenergie dar, die in den sich anschließenden Dunkelreaktionen, nämlich der Umwandlung des CO_2 zu Zucker, genutzt
wird bzw. diese energetisch antreibt. In der Summe ergibt sich somit:

Lichtreaktionen

$$\text{Wasser} + \text{Licht} + NADP^+ \rightarrow \text{Sauerstoff} + NADPH$$

Dunkelreaktionen (Calvin-Zyklus)

$$NADPH + \text{Kohlendioxid} \rightarrow \text{Glukose-Zucker} + NADP^+$$

Zusätzlich spielt noch ein weiteres Substanz-Paar eine Rolle:
ADP (Adenosindiphosphat) und ATP (Adenosintriphosphat). Das
ATP kann als „Energiewährung" der Zelle gesehen werden, da der
Energieaufwand zahlreicher biochemischer Prozesse mit dem
Verbrauch von ATP „bezahlt" wird. Auch die Dunkelreaktionen
der Photosynthese benötigen viel ATP. Die Lichtreaktionen liefern
nun den Dunkelreaktionen neben den energetisierten Elektronen
des $NADPH/H^+$ zusätzlich auch das benötigte ATP. Den Lichtreaktionen gelingt – durch eine raffinierte Kopplung von Elektronen-
transferschritten mit Protonentransport – sozusagen „nebenbei"
die Bildung von ATP (aus ADP und freien Phosphat-Ionen).

Das „Nebenbei" hat es in sich. Die ATP-Bildung und Nutzung
ist ein essenzieller bioenergetischer Prozess in fast allen Zellen, der
keineswegs nur im Zusammenhang mit den photosynthetischen
Lichtreaktionen auftritt. Starke Konzentrationsunterschiede von

Protonen (= pH-Gradient) zwischen den zwei Seiten einer Membran (hier der Thylakoidmembran) treiben eine Rotationsbewegung der ATP-Synthase, welche die mechanisch-chemische Bildung von ATP aus ADP und Phosphat ermöglicht. Die diesen Prozess antreibenden Protonen müssen vorher erst einmal „bergauf" auf eine Seite der Membran gepumpt werden, was den Lichtreaktionen durch geschickte Kopplung an Elektronen- und Protonenübertragungschritten gelingt. Die Wichtigkeit der ATP-Bildung wurde auch vom Nobelkomitee in Stockholm gesehen. Zum Verständnis der Rolle des Protonengradienten als Antriebskraft der ATP-Synthese entwickelt der im britischen Cambridge arbeitende Peter Mitchell eine Theorie, für die er 1978 den Chemie-Nobelpreis erhielt. Für ihren zentralen Beitrag zur Aufklärung des überraschenden Rotationsmechanismus erhielten der Biochemiker Paul Boyer (Los Angeles), der Biophysiker Jens Skou (Aarhus) und der Strukturbiologe John Walker (Cambridge) im Jahr 1997 ebenfalls den Chemie-Nobelpreis. Eine Nutzung dieses Funktionsprinzips im Rahmen der Künstlichen Photosynthese ist jedoch kaum denkbar. Der biologische Prozess mit fein abgestimmten mechanischen Schritten in Nanometerbereich ist zu raffiniert für eine technische Nachahmung.

3.2.2 Die Dunkelreaktionen

Die Produkte der Lichtreaktionen, NADPH/H$^+$ und ATP, dienen den Dunkelreaktionen des Calvin-Zyklus als Ausgangsmaterial. In Abb. 3.5 sind diese Dunkelreaktionen in stark vereinfachter Form gezeigt. Tatsächlich ist das koordinierte Zusammenwirken einer außerordentlich großen Zahl von Enzymen erforderlich, die nicht an eine Membrane gebunden sind. (Enzyme sind Proteine, die spezifische chemische Reaktionen ermöglichen bzw. katalysieren.) Ein zentrales Enzym des Calvin-Zyklus wird als RuBisCo abgekürzt und ermöglicht die CO_2-Fixierung, d. h. die Umwandlung des Gasmoleküls in eine Kohlenstoffverbindung. Kohlenstoffverbindungen durchlaufen zyklisch den Calvin-Zyklus wie in Abb. 3.5 gezeigt. Ein Teil der hierbei zentralen Kohlenstoffverbindungen wird aus dem Zyklus herausgenommen und ermöglicht die

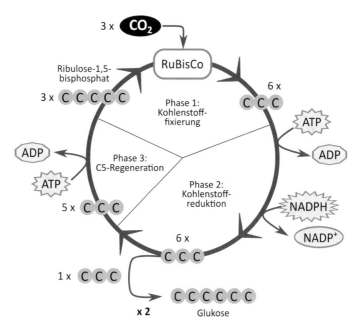

Abb. 3.5 Die Dunkelreaktionen (Calvin Zyklus) der biologischen Photosynthese im Überblick. Bei den Kohlenstoffverbindungen werden durch die grauen Kugeln jeweils nur die Kohlenstoffatome symbolisiert. Unter Verbrauch von NADPH und ATP, den Produkten der Lichtreaktionen, wird CO_2 reduziert und Glukose gebildet. Das CO_2 wird dabei an das RuBisCo-Enzym gebunden und in den Calvin Zyklus eingeführt

Bildung verschiedener Endprodukte der Dunkelreaktionen, wie z. B. des Traubenzuckers (Glukose). Die Eigenschaften von RuBisCo sind entscheidend für die Leistungsfähigkeit von Pflanzen bei mittleren und hohen Lichtintensitäten, wie weiter unten – im Zusammenhang mit der Effizienz der biologischen Photosynthese – näher erläutert wird.

3.3   Ein Glanzpunkt aktueller Forschung

Die Absorption von Photonen sowie die lichtgetriebenen Ladungstrennungsreaktionen finden in den beiden Photosystemen der oxygenen Photosynthese statt, dem Photosystem II (PSII) und dem Photosystem I (PSI). Um Einblick in die Funktion eines Photosystems auf der molekularen Ebene zu erhalten, werfen wir exemplarisch einen Blick auf das PSII. Es umfasst 20 Proteinuntereinheiten, 35 Chlorophylle sowie weitere Ko-Faktoren, darunter einen für die Funktion essenziellen Calcium-Mangan-Cluster, dem sog. *Oxygen evolving complex* (OEC) der Photosynthese. Dieser proteineingebundene Metallkomplex ermöglicht (katalysiert) die photosynthetische Wasseroxidation und die daran gekoppelte Bildung des atmosphärischen Sauerstoffs. In Abb. 3.6 ist eine Illustration der atomaren Struktur des Photosystems gezeigt, die keineswegs rein fiktiv ist, sondern auf experimentell ermittelten Daten beruht. Nach Jahren intensiver Anstrengungen in den letzten zwei Jahrzehnten des 20. Jahrhunderts gelang es schließlich ForscherInnen in Berlin (2001, [9]), London (2005, [10]) und Japan (2011, [11]) die genaue räumliche Anordnung von zunehmend mehr Atomen des Photosys-

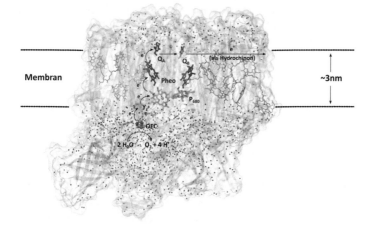

Abb. 3.6 Proteinstruktur des Photosystems II (PSII) mit seinen Redoxfaktoren. Das Proteingerüst ist schematisch in grau gezeigt. Die kleinen roten Punkte sind Wassermoleküle, von denen mehr als tausend im PSII-Proteinkomplex gefunden wurden. Die Koordinaten der Atome des PSII-Proteinkomplexes wurden durch Proteinkristallographie ermittelt [10]. Das PSII befindet sich innerhalb der Thylakoidmembran, einer Lipidmembran mit einer Stärke von etwa 5 Nanometer mit wasserliebenden (hydrophilen) Kopfgruppen und wasserfeindlichen (hydrophoben) Kohlenwasserstoff-Ketten. Die Stärke des inneren, hydrophoben Teils der Thylakoidmembran beträgt etwa 3 Nanometer (3 nm) und ist eingezeichnet

tems II zu ermitteln. Heute sind die individuellen Positionen (im dreidimensionalen Raum) für mehr als 50.000 Atome mit einer Genauigkeit von besser als $2 \cdot 10^{-10}$ Meter bekannt, also genauer als 0,2 millionstel Millimeter. Diese fast unglaubliche Menge an präziser atomarer Strukturinformation wurde dadurch zugänglich, dass die Photosysteme biochemisch isoliert und anschließend in eine regelmäßige, kristalline Anordnung gebracht werden konnten. Für solche Proteinkristalle konnten dann nach Aufnahme zahlreicher Röntgenlicht-Beugungs-Bilder die Ortskoordinaten der 50.000 Atome berechnet werden. Hierbei war die Kristallisation des Photosystems der Schritt, der über viele Jahre nicht gelang und sicher mehr als eine/n Wissenschaftler/in an den Rand der Verzweiflung gebracht hat. Denn für Proteine, die in eine Membran eingebettet sind, ist die Kristallisation nach wie vor eine Kunst, die neben Erfahrung, Geschick und Ausdauer auch eine ordentliche Portion Glück verlangt. Das weltweit erste kristallisierte Membranprotein war ebenfalls ein Photosystem. Im Jahr 1985 veröffentlichten Hartmut Michel, Johann Deisenhofer und Robert Huber vom Münchener Max-Planck-Institut für Biochemie die Koordinaten des Photosystems der nicht-oxygenen Photosynthese der Purpurbakterien. Bereits im Jahr 1988 wurde ihnen dafür der Nobelpreis für Chemie verliehen. Heute liegen für alle in der Abb. 3.3 gezeigten Membranproteinkomplexe Kristallstrukturen vor, d. h. für alle ist auf der Basis von allgemein zugänglichen Koordinaten und Computerprogrammen eine dreidimensionale Visualisierung der atomaren Struktur möglich. Ausgehend von den Koordinaten können nun auch die theoretische Biophysik und Computerchemie weitere Einsichten zur biologischen Funktion der Proteinkomplexe beisteuern.

Die beeindruckenden Erfolge der Proteinkristallographie wurden erst durch Fortschritte bei der molekular-biologischen und biochemischen Charakterisierung der Proteinkomplexe der Photosynthese möglich. Die Kristallstrukturen würden jedoch zu nicht viel mehr als bunten Bildern führen, wenn nicht zuvor und anschließend Forschungsteams die Bewegungen der Elektronen und Protonen im Detail untersucht hätten. Damit begannen wissenschaftliche Pioniere wie Horst Tobias Witt (1922–2007), der später auch Wegbereiter der Kristallisation von PSI und PSII war, schon in den 1950er-Jahren. Es kam ein zunehmend breiterer Satz an (bio-)physikalischen Methoden zum Einsatz, von der optischen Spektroskopie mit Zeitauflösung von unter einer Pikosekunde (10^{-12} s, der millionste Teil einer millionstel Sekunde.) bis hinein in den Sekundenbereich und zur Detektion der Verteilung der Elektronspins mit der magnetischen Resonanzspektroskopie. Heute gibt es immer noch rätselhafte, nur partiell verstandene Facetten, wie zum Beispiel die funktionell wichtige Kopplung des Elektronentransfers an Protonenbewegungen und der genaue Mechanismus der Wasserspaltung am Mangankomplex der Photosynthese. Ein weiteres aktuelles Forschungsfeld ist die Interaktion und Regulation des Photosyntheseapparats in der intakten Zelle sowie der „Lichtstress", d. h. die zerstörerische oder zumindest blockierende Wirkung hoher Lichtintensitäten (Photoinhibition). Denn wie James Barber aus London zusammen mit Bertil Anderson aus Stockholm 1992 einen Übersichtsartikel betitelten: „Too much of a good thing: light can be bad for photosynthesis" [12].

Generell gilt jedoch, dass heute die meisten Teilprozesse der Photosynthese außerordentlich gut verstanden sind. Die Ergebnisse der Forschung zu den biologischen, chemischen und physikalischen Grundprinzipien der biologischen Photosynthese stellt daher eine wichtige Grundlage für die Entwicklung der Künstlichen Photosynthese dar. Dies gilt nicht alleine für die in Fachartikeln und Lehrbüchern abgespeicherten Forschungsergebnisse. Gleichermaßen wichtig sind die nach Jahrzehnten intensiver Forschung auf diesem Gebiet verfügbaren leistungsfähigen experimentellen und theoretischen Methoden, sowie natürlich auch die in diesem sehr interdisziplinären Bereich ausgebildeten WissenschaftlerInnen.

3.4 Wie effizient ist die biologische Solarenergienutzung?

3.4.1 Maximale Effizienz der Photosynthese

Die maximale Effizienz der Solarenergienutzung zur Bildung energiereicher chemischer Verbindungen ist für photosynthetische Organismen nur eine unter vielen Eigenschaften, welche seine „Fitness" und damit seine Vermehrung und Verbreitung bestim-

men. Auch bei der Optimierung des Ertrags von Ackerpflanzen oder
der Wachstumsraten von Nutzholz-Bäumen dominiert nicht der
Wirkungsgrad der Solarenergienutzung die Diskussion, sondern
es stehen andere Faktoren wie zum Beispiel Wasserversorgung,
Nährstoffmangel (Düngung), Schädlinge oder auch Schäden durch
übermäßig viel Sonnenlicht (Photoinhibition) im Vordergrund. In
den klassischen Agrarwissenschaften und der Pflanzenphysiologie spielen daher Zahlenwerte für die Effizienz der Solarenergienutzung nur eine untergeordnete Rolle.

Wenn es hingegen um die großskalige Nutzung von Solarenergie zur Deckung eines technischen Energiebedarfs unserer heutigen Gesellschaft geht, sind Wirkungsgrad bzw. die Effizienz der
Solarenergienutzung zentrale Größen. Denn die Effizienz bestimmt direkt den Flächenbedarf für die Anlagen oder Felder zum
„Ernten" der Solarenergie. So würde zum Beispiel eine Erhöhung
der Effizienz für die solare Produktion eines Treibstoffs von 0,5 %
auf 5 % bedeuten, dass sich bei gleicher Ausgangsleistung die benötigte Fläche um den Faktor 10 verringert. Aber auch wenn der
Flächenbedarf vergleichsweise unkritisch sein sollte – wie z. B.
bei anderweitig kaum nutzbaren Flächen in Wüstengebieten – so
werden erhöhte Effizienzen normalerweise die Summe der Inves-
titions- und Betriebskosten je Kilowattstunde an Nutzenergie wesentlich verringern.

Energieumwandlungseffizienzen oder Wirkungsgrade können
auf verschiedene Art und Weisen definiert werden. Tatsächlich wird
gerade bei der Diskussion photochemischer Prozesse in Biologie und
Chemie eine Vielzahl von Effizienzgrößen benutzt, die jeweils für
spezifische wissenschaftliche Fragestellungen von Wichtigkeit
sind. Als Beispiel sei der Quantenwirkungsgrad genannt, der sowohl in der biologischen Photosynthese als auch in der Photovoltaik Werte von über 90 % erreichen kann. Hier handelt es sich um
eine Größe, die nicht mit den üblichen Effizienzangaben von
Photovoltaikanlagen verglichen werden kann. Wenn z. B. in einem Presseartikel die Effizienz der Photosynthese mit über 90 %
einerseits der Effizienz von Photovoltaikanlagen von unter 20 %
anderseits gegenübergestellt wird, dann ist Vorsicht geboten, denn
es werden Äpfel mit Birnen verglichen. Die Begeisterung einzelner WissenschaftlerInnen über ihr Forschungsthema ist dann mit
dem journalistischen Hang zu schnellen, griffigen Schlagzeilen

und Rekordangaben eine unglückliche Allianz eingegangen, was leider keine Seltenheit ist. Tatsächlich sind auf der Ebene der schnellen Lichtreaktionen die Effizienzen der biologischen Photosynthese und einer typischen Photovoltaikzelle nämlich sehr ähnlich (bei 15–20 %), wenn dieselbe Definition der Energieumwandlungseffizienz verwendet wird [13]. Wir nutzen daher im Folgenden ausschließlich eine Definition, die sich an die Standards der Photovoltaik-Technologie anlehnt und für die Diskussion von Anwendungen in einem energietechnischen Zusammenhang besonders gut geeignet ist:

Die Effizienz der Solarenergienutzung (Solar energy conversion efficiency, im Deutschen auch „Wirkungsgrad" anstelle von „Effizienz") ist eine Prozentzahl, die angibt, welcher Anteil der gesamten Energie der einfallenden Sonnenstrahlung in eine spezifische, nutzbare Energieform überführt wird.

Die „spezifische, nutzbare Energieform" wäre bei Photovoltaikanlagen Elektrizität, bei der Photosynthese ist es die in Form chemischer Verbindungen gespeicherte Energie. Die einfallende Sonnenstrahlung umfasst dabei neben dem sichtbaren auch die unsichtbaren Bereiche des Sonnenspektrums, den Ultraviolett und den Infrarot-Bereich (UV- und Infrarotstrahlung).

Kasten 3.3 Prinzipielle Effizienzgrenze in der Solarenergienutzung – das Shockley-Queisser Limit

Der Infrarot-Bereich des Sonnenlichts umfasst unsichtbares Infrarotlicht und Wärmestrahlung. Die Energie des infraroten Lichts bleibt sowohl in der biologischen Photosynthese als auch in klassischen Photovoltaikanlagen weitgehend ungenutzt. Tatsächlich wäre die Nutzung der Infrarotstrahlung äußerst vorteilhaft, da so eine deutliche Erhöhung der Effizienz der Solarenergienutzung erreicht werden könnte. Dies stößt aber an physikalische Grenzen, da die Energie der Lichtquanten im Infrarotbereich meist zu gering ist, um Elektronentransferschritte anzutreiben. Der primäre Elektronentransfer (die primäre Ladungstrennung) erfordert Lichtquanten, deren Energie oberhalb eines Schwellenwerts liegt, welcher in der oxygenen Photosynthese der Energie „roter" Photonen entspricht. Die Energie infraroter Photonen (Wellenlänge größer als ca. 700 nm) ist zu gering. Die Energie gelber, grüner und blauer Photonen (Wellenlänge kleiner als ca. 700 nm) ist jedoch höher als erforderlich, um den primären Elektronentransfer anzutreiben, so dass ein wesentlicher Teil der Energie dieser energiereichen Photonen ungenutzt bleibt. Die prinzipielle Begrenzung der Effizienz, die aus der Quantennatur des Lichts resultiert, wurde schon 1961 von Shockley und Queisser diskutiert: sowohl eine zu geringe als auch eine zu hohe Schwellenwertenergie verringern die Effizienz der

Solarenergienutzung; aber auch bei optimaler Schwellenwertenergie kann der Wert von ca. 35 % (sog. Shockley-Queisser Limit) nicht überschritten werden [14]. Diese prinzipielle Effizienzgrenze betrifft gleichermaßen die biologische wie auch die photovoltaische Solarenergienutzung und auch die Künstliche Photosynthese. Allerdings gibt es Unterschiede bezüglich der Schwellenwertenergien. Alleine die thermische Nutzung des Sonnenlichts, wie z. B. die unmittelbare Nutzung von Solarenergie in Sonnenkollektoren zur Erwärmung von Wasser, ist von dieser Effizienzgrenze ausgenommen.

Mehrschichtsolarzellen können durch Verwendung mehrerer photoaktiver Schichten mit jeweils optimierten Lichtsammeleigenschaften und Schwellenwertenergien die prinzipiellen Grenzen des Shockley-Queisser Limits umgehen und so die Effizienz der Solarenergienutzung wesentlich erhöhen. Allerdings sind diese Mehrschichtzellen in der Herstellung derzeit noch besonders teuer und ihr weltweiter Einsatz in großem Maßstab ist durch die Verwendung außerordentlich seltener chemischer Elemente problematisch. Das Zusammenwirken des Photosystems II und des Photosystems I kann sich in der Photosynthese jedoch nicht ähnlich positiv auswirken, wie es bei Mehrschichtsolarzellen angestrebt wird. Der Grund ist, dass die Absorptionseigenschaften und insbesondere die Schwellenwertenergien der beiden Photosysteme sich nur vergleichsweise wenig unterscheiden. Zwar gibt es hier Unterschiede zwischen verschiedenen Organismen und auch Überlegungen, ob durch genetische Modifikationen Verbesserungen möglich sind. Aber ein großer Sprung in Richtung auf Überwindung der Shockley-Queisser Grenze erscheint derzeit als wenig wahrscheinlich. In der Künstlichen Photosynthese könnte eine Kombination von verschiedenen absorbierenden Materialien mit gestaffelten Schwellenwertenergien die Überwindung des Shockley-Queisser Limits ermöglichen.

Aus prinzipielle Gründen (siehe Kasten 3.3) kann auch unter optimalen Bedingungen nur ein Teil der gesamten Energie des einfallenden Sonnenlichts genutzt werden, um die ersten Elektronentransferschritte (primäre Ladungstrennung) der Photosynthese anzutreiben. Weitere Verluste ergeben sich dadurch, dass die primären und alle weiteren Elektronentransferschritte energetisch bergab verlaufen müssen, so dass bei jedem dieser Schritte Energie verloren geht. In der Summe ergibt sich, dass zum Beispiel durch das Photosystem II auch unter optimalen Bedingungen nicht mehr als 16 % der Energie des einfallenden Sonnenlichts in Form chemischer Bindungen gespeichert wird (für das Photosystem I ist der Wert ähnlich hoch) [13]. Dies geschieht im Photosystem II durch Reduktion von Plastochinon-Molekülen (Bildung von PQH_2), die an sich noch nicht als Nahrung oder Brennstoff dienen können, aber für die folgenden Schritte der photosynthetischen Lichtreaktionen essenziell sind. Dieser Wert von 16 % ist sehr ähnlich zur Effizienz der heute installierten Silizium-Solarzellen für die Gewinnung von Elektrizität. Berücksichtigt man, dass eine Silizium-Solarzelle alleine keine chemische Energiespeicherung ermöglicht, so ist ein biologisches Photosystem unter idealen Bedingungen überlegen. Allerdings müssen für die Bildung des zentralen Endprodukts der photosynthetischen Lichtreaktionen (NADPH), zahlreiche weitere Schritte durchlaufen werden (Abb. 3.4), die jeweils energetisch bergab erfolgen und folglich mit weiteren Energieverlusten behaftet sind. Somit ergibt sich für die NADPH-Bildung unter idealen Bedingungen eine maximale Effizienz der Solarenergienutzung von nur noch ca. 10 % [13]. Wenn das gebildete NADPH nun komplett und verlustfrei zur Reduktion des atmosphärischen CO_2 genutzt werden könnte, ergäbe sich eine Effizienz der Solarenergienutzung für die Glukosebildung, die ähnlich hoch ist.

Kasten 3.4 Systemeffizienz bei der Umwandlung von Solarenergie
Die Effizienz der Solarenergieumwandlung (Φ_{Solar}, Solar Energy-Conversion Efficiency; gelegentlich auch vereinfacht als Wirkungsgrad bezeichnet) ist bei Photovoltaik-Modulen definiert als das Verhältnis zwischen der Gesamtintensität der auf das Modul auftreffenden Sonnenstrahlung (W_{Solar} in W/m^2) und der elektrischen Leistung am Ausgang des Solarmoduls ($W_{Produkt}$ in W/m^2):

$$\Phi_{Solar} = W_{Produkt} / W_{Solar}$$

Beträgt zum Beispiel bei vollem Sonnenlicht (circa 1000 W/m^2) die elektrische Ausgangsleistung 180 W/m^2, so ergibt sich für Φ_{Solar} ein Wert von 18 Prozent – aktuell ein typischer Wert für ein Photovoltaikmodul auf Siliziumbasis. Die Standardbedingungen und Messprotokolle für die Ermittlung von Φ_{Solar} sind international eindeutig festgelegt, so dass eine gute Vergleichbarkeit dieses Leistungsparameters gewährleistet ist.

Zum selben Ergebnis führt die Berechnung von Φ_{Solar}, wenn anstelle der Leistungen ($W_{Produkt}$, W_{Solar}) die über eine Stunde auftreffende Energie der Sonneneinstrahlung (E_{Solar}) mit der über denselben Zeitraum erzeugten elektrischen Energie ($E_{Produkt}$) verglichen wird:

$$\Phi_{Solar} = E_{Produkt} / E_{Solar}$$

Im obigen Beispiel eines typischen Photovoltaikmoduls wäre E_{Solar} eine Kilo-watt-Stunde (kWh) und $E_{Produkt}$ 0,18 kWh.

Wird die Solarenergie zur Bildung von Brennstoffen genutzt, kann eben-falls die obige Gleichung zur Berechnung von Φ_{Solar} verwendet werden. Dann gibt $E_{Produkt}$ jedoch die chemisch gespeicherte Energie an. Diese kann auf ver-schiedene Weise definiert werden, wobei die jeweils erhaltenen Werte für Φ_{Solar} sich meist nur geringfügig unterscheiden. Am einfachsten ist es, die chemisch gespeicherte Energie als Brennwert zu definieren, das heißt als die Energie, die bei einer Verbrennung des unter Solarenergienutzung erzeugten Stoffes wieder als Wärme freigesetzt werden würde.

Bei Photovoltaikmodulen ist Φ_{Solar} nur in vergleichsweise geringem Maße abhängig von der Sonnenlichtintensität, Temperatur und Jahreszeit. Dies ist bei der Solarenergienutzung durch Pflanzen, Algen und Cyanobakterien nicht der Fall. So tritt bei höheren Lichtintensitäten eine Sättigung der Photosyn-theserate auf. Daher ist bei maximaler Sonneneinstrahlung der Wert von Φ_{Solar} wesentlich geringer, als bei niedriger Intensität des Sonnenlichts. Hinzu kommen ausgeprägte Temperaturabhängigkeiten und starke jahreszeitliche Schwankungen. Die obige Gleichung zur Berechnung von Φ_{Solar} kann jedoch wiederum zur Anwendung kommen, um einen informativen Wert für die Ef-fizienz der Solarenergienutzung zu erhalten. Hierzu wird die Energie, der über ein volles Jahr eintreffenden Sonnenstrahlung, in Beziehung zur Energie des über ein Jahr erzeugten Brennstoffes gesetzt. Bei Ackerpflanzen wäre dies zum Beispiel der Brennwert der im Laufe eines Jahres geernteten Bio-masse. Die so erhaltenen Werte von Φ_{Solar} liegen typischerweise deutlich un-ter einem Prozent.

Für einen „fairen" Vergleich der Effizienz von Ackerpflanze und Photo-voltaikanlage ist aber noch ein weiter Aspekt wichtig. Bei den experimentell ermittelten Werten von Φ_{Solar} von Ackerpflanzen wird die eintreffende Solar-energie je Ackerfläche ermittelt. Bei Solarmodulen hingegen wird im Nor-malfall der Wert von Φ_{Solar} für den idealen, senkrechten Einfall des Sonnen-lichts auf die Fläche des Solarmoduls angegeben. Wegen der Wanderung der Sonne im Tagesverlauf sowie Variation des Sonnenstands im Jahres-lauf kommt es beim Betrieb von Solarmodulen zu wesentlichen Abwei-chungen vom idealen Einfallswinkel. Ferner muss ein Abstand von oft mehreren Metern zwischen Reihen von Solarmodule eingehalten wer-den, um die gegenseitige Beschattung der Solarmodule zu verhindern und auch um den Zugang für Montage und Reinigung zu ermöglichen. Somit kann für eine größere Anlage von Solarmodulen die Effizienz be-zogen auf die gesamte Grundfläche der „Feldes" wesentlichen sinken. Wenn zum Beispiel die maximale Effizienz des einzelnen Photovoltaik-moduls unter idealem Einfallswinkel bei 18 % liegt, dann könnte bezo-gen auf die Grundfläche der Anlage im Jahresmittel die Effizienz der Solarenergienutzung bei nur 10 % liegen. Aber auch diese verringerte Effizienz liegt deutlich über der, die in Europa mit Ackerpflanzen erreichbar sind.

3.4.2 Ursachen der geringen mittleren Effizienz der photosynthetischen Biomassebildung

Der oben diskutierte Wert der Effizienz der biologischen Solar-energienutzung ist ein hypothetischer Maximalwert, der in leben-den Organismen nie erreicht wird. Tatsächlich sind die im Jahres-mittel typischerweise erreichten Effizienzen der Biomassebildung z. B. bei Ackerpflanzen gegenüber dem Maximalwert 10- bis 1000-fach verringert (zur hier verwendeten Definition der „Sys-temeffizienz", siehe Kasten 3.4). Folgende Faktoren sind dabei ausschlaggebend und in den obigen Einschätzungen zu maxima-len Effizienzen *nicht* berücksichtigt:

(1) Nichtideale Flächenabdeckung, Reflektionsverluste und Vegetationsperioden

Für die Einschätzung der Effizienz der effektiven Solarenenergie-nutzung durch Pflanzen auf einem Acker oder im Wald ist entschei-dend, welcher Prozentsatz des Sonnenlichts tatsächlich durch die Pflanzen absorbiert wird. Dies hängt zum einen von der Bewuchs-dichte ab. Tatsächlich gelangt in einem sehr dichten Wald oder auch Zuckerrohrfeld der größte Teil des Sonnenlichts nicht auf den Erd-boden, ohne zuvor auf Pflanzen zu treffen. Ein Teil des auf die Blät-ter auftreffenden Sonnenlichts wird jedoch ungenutzt reflektiert (ca. 25 %). In nicht-tropischen Breiten noch gravierender als die nicht-ideale Flächenabdeckung und Reflektionsverluste sind aber Vegeta-tionsperioden. Die typischen Ackerpflanzen in nicht-tropischen Re-gionen werden im Jahresverlauf ein oder mehrmals gesät, wachsen hoch und werden geerntet. Oft wird nur in einem vergleichbar klei-nen Teil des Jahres die maximale Flächenabdeckung erreicht.

(2) Lichtsättigung durch „langsame" CO_2-Reduktion begrenzt die Effizienz

Die CO_2-Reduktion in den Dunkelreaktionen der Photosynthese ist zentral. Wenn dieser Prozess ins Stocken gerät bzw. nicht hinreichend schnell arbeitet, liefern die Lichtreaktionen der Photosynthese zwar anfänglich reduziertes $NADP^+$ (NADPH), im Folgenden kommt es aber zu einer Verstopfung der Elektro-nentransportkette (Abb. 3.3 und 3.4) mit reduzierten Substanzen und das absorbierte Licht kann nur noch zu einem kleinen Teil von den beiden Photosystemen genutzt werden. Dieser Prozess der „Lichtsättigung" ist in Abb. 3.7 illustriert. Er tritt bereits bei vergleichsweise geringen Lichtintensitäten auf, meist bereits bei weniger als 10 % der maximalen Sonnenlichtintensität. Dieses Lichtsättigungsverhalten des Photosyntheseapparats bedeutet, dass mit steigender Lichtintensität die Effizienz der biologischen Solarenergienutzung kontinuierlich sinkt, bei maximaler Intensität ist eine Verminderung der Effizienz auf weniger als ein Zehntel der Effizienz bei nicht-sättigenden Lichtintensitäten nicht ungewöhnlich; der Einfluss zur über das Jahr gemittelten Systemeffizienz ist gravierend.

Der genaue Verlauf der Lichtsättigungskurve unterscheidet sich zwischen Sonnen- und Schattenpflanzen. Zusätzlich ermöglichen eine beindruckende Reihe dynamischer Regulationsmechanismen die Anpassung photosynthetischer Organismen an

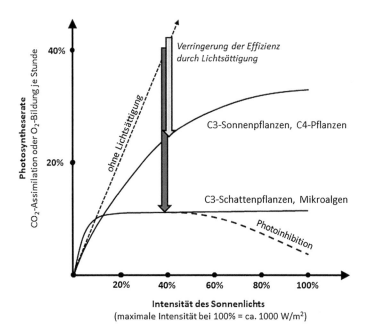

Abb. 3.7 Abhängigkeit der Photosyntheserate von der Lichtintensität

die vorherrschende Lichtintensität. Es gelingt aber keinem photosynthetischen Organismus das Problem der Lichtsättigung wirklich zu lösen. Warum nicht? Grund sind physikalische und chemische Begrenzungen, die ihre Wurzeln in der heute vergleichbar geringen atmosphärischen CO_2-Konzentration haben. Zum Zeitpunkt der Evolution der oxygenen Photosynthese war die Erdatmosphäre praktisch frei von Sauerstoff und enthielt stattdessen einen hohen Prozentsatz an CO_2. Unter diesen Bedingungen – also hohe CO_2-Konzentration und geringe Sauerstoffkonzentration – war die CO_2-Reduktion für die photosynthetischen Organismen eine vergleichsweise einfache Aufgabe. Heute liegt trotz des problematischen Anstiegs in den letzten Jahrzehnten die CO_2-Konzentration bei unter 0,05 % (<500 ppm), die Sauerstoffkonzentration jedoch bei über 20 % (>200.000 ppm). Hieraus resultieren für Pflanzen zwei Probleme, die in ähnlicher Form auch für die Künstliche Photosynthese von Bedeutung sind.

Zum einem muss trotz der geringen atmosphärischen CO_2-Konzentration das CO_2 in hinreichendem Maße zum Ort der CO_2-Reduktion in den Chloroplasten im Inneren der photosynthetischen Zellen gelangen. Dies geschieht bei vielen Landpflanzen dadurch, dass die CO_2-haltige Luft mit den sogenannten Schließzellen ausgestattete Spaltöffnungen in Hohlräume im Pflanzeninneren gelangt, um dann als Kohlensäure innerhalb der photosynthetischen Zellen gelöst zu werden. Hierbei stellen die effiziente CO_2-Aufnahme und die Vermeidung des Wasserverlusts durch Verdunstung einen Zielkonflikt dar. Daher wird der Gasaustausch über die Spaltöffnungen reguliert. Bei höherer Temperatur hat die Vermeidung des Wasserverlusts Vorrang, so dass die Schließzellen die Spaltöffnungen verschließen und die Photosyntheserate wegen mangelnder CO_2-Zufuhr bereits bei besonders geringen Lichtintensitäten im Sättigungsbereich arbeitet, also nur mit geringer Effizienz vonstattengeht.

Das zweite Problem neben zu geringer CO_2-Zufuhr ist die vergleichsweise hohe Sauerstoffkonzentration, die im Zellinneren wegen der Sauerstoffbildung in der Photosynthese sogar höher liegen kann, als bei einer mit Luftsauerstoff gesättigten Lösung. Ein zentraler Schritt in der photosynthetischen CO_2-Reduktion ist die Bindung von CO_2 an das Rubisco-Enzym, an die sich die

Reduktion des Kohlenstoffs anschließt. Diese Bindungsstelle ermöglicht die CO_2-Bindung auch bei geringen CO_2-Konzentrationen in der Zelle. Die Bindung und Reduktion von Sauerstoffmolekülen, deren Konzentration in der Zelle ja um mehr als das 100fache über der CO_2-Konzentration liegt, kann aber nicht vollständig unterdrückt werden. So kommt es zur Photorespiration, der ungünstigen Reduktion von Sauerstoff (anstelle von CO_2) unter Nutzung des NADPH, welches die Lichtreaktionen zur Verfügung stellt. Es kann abgeschätzt werden, dass durch diese Fehlreaktion ein Energieverlust von bis zu 30 % entsteht (bezogen auf die in den Lichtreaktionen chemisch gespeicherte Energie).

Einige Pflanzen haben nun auch eine biochemische Lösungsstrategie entwickelt, die in einer Modifikation bzw. Ergänzung der Dunkelreaktionen der „normalen" Pflanzen liegt. Die normalen Pflanzen werden als C3-Pflanzen bezeichnet, weil bei ihren Dunkelreaktionen einer Kohlenstoffverbindung mit drei Kohlenstoffen eine zentrale Rolle zukommt (Abb. 3.5). Auch in allen Algen und Cyanobakterien ist die Dunkelreaktion vom C3-Typ. Bei starker Sonneneinstrahlung sind jedoch die sogenannten C4-Pflanzen leistungsfähiger, zu denen auch verschiedene landwirtschaftlich wichtige Pflanzen zählen wie z. B. Zuckerrohr oder Mais. Die C4-Pflanzen investieren einen Teil der in der Photosynthese chemisch gespeicherten Energie in einen Mechanismus, der die CO_2-Konzentration am Ort der CO_2-Reduktion erhöht. Dies involviert meist einen zusätzlichen Zelltyp in den Blättern, den Mesophyllzellen, und gelingt mithilfe einer Kohlenstoffverbindung mit vier C-Atomen, daher die Bezeichnung C4-Pflanzen. Die energetische Investition zahlt sich aus, wenn die C4-Pflanzen kräftiger Sonneneinstrahlung ausgesetzt sind. Aufgrund der effizienteren CO_2-Reduktion erfolgt die Lichtsättigung erst bei vergleichsweise hoher Sonnenlichtintensität; im Starklicht ist die Effizienz der Photosynthese deutlich erhöht. Als wichtiger zusätzlicher Vorteil werden die Verluste durch die Fehlreaktion mit Sauerstoff (Photorespiration, siehe oben) minimiert.

Zwar sind in C4-Pflanzen auch die Verdunstungsverluste verringert, aber an besonders heißen und trockenen Standorten können sie dennoch nicht gedeihen. Hier kommen die CAM-Pflanzen zum Zuge, wie z. B. die Ananas oder Kakteen (CAM als Abkürzung für *Crassulacean Acid Metabolism*). Sie öffnen ihre Spaltöffnungen in der Nacht und speichern CO_2 ähnlich wie die C4-Pflanzen, um es dann tagsüber in der Photosynthese zu nutzen. So können in der Hitze des Tages die Spaltöffnungen vollständig geschlossen bleiben und die Austrocknung der Pflanze vermieden werden. Während die C4-Pflanzen also die CO_2-Aufnahme räumlich von der photosynthetischen CO_2-Reduktion trennen (durch Auslagerung in die Mesophyllzellen), erfolgt in den CAM-Pflanzen eine zeitliche Trennung im Tag-Nacht-Rhythmus.

(3) Energieaufwand für Selbstreproduktion und Reparaturprozesse

Der photosynthetische Organismus „lebt". Vermehrung und Wachstum (Selbstreproduktion) sowie das Überleben in der jeweiligen Umwelt erfordern Energie. Ein wesentlicher Teil der mittels Photosynthese chemisch gespeicherten Energie wird für diese Lebensprozesse benötigt. Das bedeutet, dass zwar die photosynthetischen Licht- und Dunkelreaktionen mit hoher Effizienz ablaufen mögen, aber ein großer Teil der Photosyntheseprodukte durch den Organismus zur Aufrechterhaltung seiner Lebensfunktionen genutzt bzw. verbraucht wird. Entsprechend verringert sich die Netto-Effizienz für die Bildung der „Ernteprodukte". Bei Ackerpflanzen ist es über Jahrtausende durch Züchtung gelungen, den Anteil der Solarenergiespeicherung in Form von Ernteprodukten stark zu erhöhen, aber der Energieverbrauch zur Aufrechterhaltung der Lebensfunktionen bleibt beträchtlich. Im Vergleich zu nicht-biologischen Systemen der Solarenergienutzung, wie z. B. Photovoltaik oder Künstliche Photosynthese, ist die Fähigkeit zur Selbstreproduktion des Organismus ein wichtiger Vorteil, da kostspielige industrielle Produktionsprozesse entfallen. Noch stärker gilt dies für die Reparatur von Schädigungen, die bei hohen Lichtintensitäten in photosynthetischen Organismen auftreten. Aber der Preis dafür ist ein beträchtlicher Energieverlust bzw. eine deutlich verringerte Systemeffizienz der Solarenergienutzung. (Angemerkt sei, dass die Selbstreproduktion photosynthetischer Organismen natürlich nicht generell kostenfrei erfolgt. Bei der Nutzung von photosynthetischer Organismen in Landwirtschaft, Forstwirtschaft und bei zukünftigen Photobioreaktoren sind Wachstum und Vermehrung mit dem Einsatz von externen Investitions- und Betriebskosten verknüpft.)

3.4.3   Fazit: Effizienz der photosynthetischen Biomassebildung

Die Ergebnisse der Photosyntheseforschung ermöglichen eine Abschätzung der maximalen energetischen Effizienz der biologischen Solarenergienutzung. Dieser hypothetische Idealwert liegt dicht bei 10 %, wird aber in der Realität auch kurzfristig kaum jemals erreicht. Die Gründe dafür sind in den vorhergehenden Abschnitten erläutert. In der landwirtschaftlichen Nutzung gibt es einzelne C4-Pflanzen mit einer besonders hohen Biomasseproduktion, wie z. B. Mais oder der Spitzenreiter Zuckerrohr. Die im Jahresmittel realisierten Effizienzen überschreiten jedoch einen Wert von 1 % nur in Ausnahmefällen und liegen bei zahlreichen Pflanzen (unter anderem die typischen Laubbäume) nicht über 0,1 %. Für die Anzucht von Algen oder Cyanobakterien in optimierten Photobioreaktoren sind Werte in der Nähe von 3 % berichtet worden. Diese Zahlen sind einem englischsprachigen Übersichtsartikel von Robert Blankenship und 17 Ko-AutorInnen entnommen, der 2011 erschien und eine übersichtliche Darstellung zum Thema der Effizienz der biologischen Photosynthese liefert [15].

Die Photosynthese hat sich erfolgreich über unseren Planeten ausgebreitet und stellt seit mehr als 2 Milliarden Jahren „die" Energiequelle für das Leben auf der Erde dar. Die photosynthetischen Organismen wurden evolutionär optimiert, so dass ihre Ausbreitung auch unter den verschiedensten und oft schwierigen Bedingungen im Wasser oder zu Lande erfolgte. Anschließend haben die Züchtungserfolge der vergangenen zehntausend Jahre zu Pflanzen geführt, die eine vergleichsweise hohe Ausbeute an dem jeweiligen Agrarprodukt haben. Wenn es aber um die Effizienz der biologischen Solarenergienutzung geht, bleibt die Bilanz ernüchternd. Technische Systeme der Photovoltaik erreichen Effizienzen, die im Jahresmittel um das 10- bis 100-fache höher sind als die

Effizienzen, die typische Ackerpflanzen erreichen können. Wenn die Biomasse als Ausgangsmaterial für Biotreibstoffe dient, sinkt die Effizienz nochmals, typischerweise auf 1/3 bis 1/10 des zuvor schon geringen Wertes. Folglich ist der Flächenbedarf für den Anbau von „Energiepflanzen" um ein Vielfaches höher als die Erzeugung ähnlicher Energiemengen über nicht-biologische Systeme wie z. B. Photovoltaikanlagen.

Literatur

1. Lawlor, D.W.: Photosynthese. Stoffwechsel – Kontrolle – Physiologie. Thieme, Stuttgart (1990)
2. Häder, P.: Photosynthese. Thieme, Stuttgart (1999)
3. Schopfer, P., Brennicke, A.: Pflanzenphysiologie. Springer Spektrum, Berlin (2016)
4. Blankenship, R.E.: Molecular Mechanisms of Photosynthesis. Wiley-Blackwell, Oxford (2014)
5. www.jayhosler.com/jshblog/?p=937. Zugegriffen am 12.06.2018
6. Margulis, L.: Symbiotic Planet: A New Look at Evolution. Basic Books, New York (1998)
7. Lovelock, J.: Gaia: Die Erde ist ein Lebewesen. Heyne, Oxford (1996)
8. Latour, B.: Kampf um Gaia – Acht Vorträge über das neue Klimaregime. Suhrkamp, Berlin (2017)
9. Zouni, A., et al.: Crystal structure of photosystem II from Synechococcus elongatus at 3.8 Å resolution. Nature **409**, 739 (2001)
10. Ferreira, K.N., et al.: Architecture of the photosynthetic oxygen-evolving center. Science **303**, 1831 (2004)
11. Umena, Y., et al.: Crystal structure of oxygen-evolving photosystem II at a resolution of 1.9 Å. Nature **473**, 55 (2011)
12. Barber, J., Andersson, B.: Too much of a good thing: light can be bad for photosynthesis. Trends Biochem. Sci. **17**, 61 (1992)
13. Dau, H., Zaharieva, I.: Principles, efficiency, and blueprint character of solar-energy conversion in photosynthetic water oxidation. Acc. Chem. Res. **42**, 1861 (2009)
14. Shockley, W., Queisser, H.J.: Detailed balance limit of efficiency of p-n junction solar cells. J. Appl. Phys. **32**, 510 (1961)
15. Blankenship, R.E., et al.: Comparing photosynthetic and photovoltaic efficiencies and recognizing the potential for improvement. Science **332**, 805 (2011)

Modifizierte Photosynthese: Neue Algen und Cyanoakterien

4

4.1 Photosynthese modifizieren – Warum und Wie?

Aus einem anthropozentrischen Blickwinkel heraus existieren unerwünschte Einschränkungen und Leistungsgrenzen der biologischen Photosynthese, zumindest wenn es um die Gewinnung von Brenn- und industriellen Wertstoffen geht. Zum einen ist hier die geringe durchschnittliche Effizienz der Solarenergienutzung zu nennen (hoher Flächenbedarf), deren Ursachen im vorhergehendem Abschnitt erörtert sind. Zum anderen ist die photosynthetische Produktion von primären (Glukose) oder sekundären Photosyntheseprodukten (z. B. Zellulose der Zellwände oder das Lignin des Holzes) zu nennen, die meist nicht unmittelbar als technische Brennstoffe oder chemische Wertstoffe eingesetzt werden können.

Sind diese Einschränkungen unumstößlich, oder können sie durch Wissenschaft und Biotechnologie überwunden werden? Diese Frage beschäftigt zahlreiche Forschungsgruppen. Hierbei gab es zunächst den Ansatz, mit konventioneller Züchtung (d. h. Spontanmutationen gefolgt von Selektion durch die ZüchterInnen) oder durch Expeditionen zur Suche nach „neuen" photosynthetischen Mikroorganismen (Algen oder Cyanobakterien) voranzugehen. Zwar werden diese Richtungen auch weiterhin verfolgt,

© Springer-Verlag GmbH Deutschland, ein Teil von
Springer Nature 2019
H. Dau et al., *Künstliche Photosynthese*, Technik im Fokus,
https://doi.org/10.1007/978-3-662-55718-1_4

aber die Möglichkeiten für einen Durchbruch mit diesen klassischen Ansätzen erscheint heute den meisten ForscherInnen als zu gering bzw. ein zu langfristiges Unterfangen angesichts der drängenden Herausforderungen der globalen Klimaveränderungen. Der heute meist verfolgte Ansatz ist die gezielte, wissensbasierte Modifikation mit den Methoden der Molekularbiologie bzw. der modernen molekularen Genetik [1, 2]. Hierbei können verschiedene Methoden eingesetzt und unterschiedliche Richtungen verfolgt werden, inklusive der (noch lange nicht erreichten) Vision, einen photosynthetischen Organismus mit den Methoden der Synthetischen Biologie von Grund auf neu zu gestalten. Unabhängig davon, welche speziellen Methoden dabei zum Einsatz kommen, handelt es sich hierbei um Ansätze, die allgemein als Gentechnik diskutiert werden.

4.2   Kleine Algen und Cyanobakterien verwenden

Die Forschungen zu weitreichenden Modifikationen der Photosynthese beziehen sich praktisch ausschließlich auf photosynthetische Mikroorganismen, also kleine Algen oder Cyanobakterien, die sich schnell vermehren können (mit z. B. einer Generation je Tag). Ein wesentlicher Grund für diese Fokussierung liegt darin, dass die molekular-genetische Veränderung für viele Mikroorganismen sehr gut etabliert ist und mit einem angemessenen Aufwand realisiert werden kann. In höheren Pflanzen und Bäumen stehen nicht nur Schwierigkeiten der molekularen Genetik in Verbindung mit langen Generationszyklen einer zielgerichteten Modifikation entgegen. Es ist auch deren hoch entwickelte, komplexe Physiologie mit einer Vielzahl spezialisierter Zellen. Diese gewährleisten nicht nur Stabilität und kontrolliertes makroskopisches Wachstum, sondern auch den regulierten Transport der Ausgangsmaterialien der Photosynthese (Wasser, CO_2) sowie der Photosyntheseprodukte wie zum Beispiel Glukose. Hier würden größere molekulargenetische Eingriffe in die komplexen Interaktionsnetzwerke, die mit dem Ziel erfolgen, anstelle von Glukose auch andere Produktstoffe in größerem Umfang zu bilden, kaum zu dem gewünschten Ergebnis führen können. Baumstämme und Pflanzenstängel wären zudem schlicht Ballast im Sinne einer effizienten modifizierten Photosynthese.

Bei kleinen, meist einzelligen Algen und Cyanobakterien in Wasser (mit ausreichender Gaszufuhr und den notwendigen Spurenelementen) ist die Versorgung der einzelnen photosynthetischen Zellen mit Wasser und CO_2 vergleichsweise unkritisch - im Gegensatz etwa zur Situation bei größeren Landpflanzen. Gleichermaßen wichtig ist, dass auch einfache Techniken zum effektiven Sammeln kontinuierlich produzierter Produktstoffe denkbar sind. Gase können vergleichsweise einfach gesammelt werden. Nicht-gasförmige Stoffe können über ihr spezifisches Gewicht von der Suspension von Algen- bzw. Cyanobakterien getrennt werden: „Fett schwimmt oben."

Der Einsatz von Algen und Cyanobakterien erfordert im Normalfall die Anzucht und Haltung der Mikroorganismen in sogenannten Photobioreaktoren (Abb. 4.1). Damit ist gemeint, dass die Zellen in einer wässrigen Lösung innerhalb eines Behälters leben, der entweder vollständig transparent ist oder über geeignete Fensteröffnungen verfügt. Neben der kontrollierten Zufuhr von CO_2 und anderen Nährstoffen sind im allgemeinem technische Maßnahmen erforderlich, um die unerwünschte Sedimentation der Mikroorganismen zu vermeiden, sowie technische Lösungen für die Ernte bzw. das „Einsammeln" der Produktstoffe. Das Design kostengünstiger Photobioreakoren stellt ein noch ungelöstes Problem dar. Die Anzucht in lichtdurchlässigen, im Meer schwimmenden Kunststoffsäcken ist im Prinzip denkbar, aber sicher nicht ohne spezifische Probleme. Die photovoltaische Umwandlung von Solarenergie zum Betrieb von Belichtungsanlagen mit für diesen Zweck optimierte LEDs erscheint auf dem ersten Blick energetisch unsinnig, könnte aber bei zukünftigen LED-Wirkungsgraden von 50 % und optimaler Lichtwellenlänge (ca. 680 nm) dennoch zu einer vernünftigen Gesamteffizienz führen. In jedem Fall sind Aufwand und Kosten für den Photobioreaktor ein Aspekt von zentraler Wichtigkeit, wenn es um die Nutzung von Algen oder Cyanobakterien für die Gewinnung von Produkten einer modifizierten Photosynthese geht.

Abb. 4.1 Labor-Photobioreaktor für z. B. die Entwicklung der Wertstoff-produktion durch photosynthetische Mikroorganismen. Die Rohre mit „grünem Wasser" vor den Leuchtstoffröhren enthalten Cyanobakterien, die langsam durch das System gepumpt werden. Im Vordergrund Vorkulturen der Cyanobakterien im Erlenmeyerkolben und auf Agarplatten

4.3   Verbesserung der Effizienz

Die maximale Effizienz der Solarenergienutzung typischer photosynthetischer Organismen ist auf ca. 10 % begrenzt (Abschn. 3.4). *Können auch Werte über 10 % erreicht werden?* Ohne eine vollständige Reorganisation ist hier eine Verbreiterung des Spektralbereichs des Sonnenlichts, der für die Photosynthese genutzt werden kann, der einzige Weg. Von den „normalen" Pflanzen werden vor allem das grüne (daher ihre Farbe) aber auch der langwellige Teil des roten Lichts kaum genutzt (Abb. 4.2). Überraschende neue Ergebnisse der Photosyntheseforschung könnten den Weg weisen, wie diese Lichtausbeute gesteigert werden könnte. Denn tatsächlich gibt es in

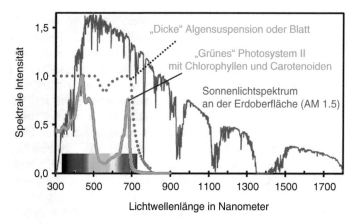

Abb. 4.2 Vergleich des Sonnenlicht-Spektrums mit dem Lichtabsorptions-Spektrum von Grünalgen und Pflanzen. Die rote Kurve zeigt die Abhängigkeit der Intensität des Sonnenlichts (beim Auftreffen auf die Erdoberfläche) von der Lichtwellenlänge bzw. Farbe des Lichts. Die grüne Kurve zeigt, wie stark Licht verschiedener Wellenlängen (verschiedene Licht-Farben) von den Chlorophyllen (Chl-a und Chl-b) und den Carotenoiden in den Antennen der Photosysteme absorbiert und für die Photosynthese genutzt wird. In speziellen Cyanobakterien, die Chl-d oder Chl-f enthalten, reicht die Absorption der Photosysteme weiter in den langwelligen nahen Infrarotbereich hinein (nicht gezeigt), wodurch ein größerer Teil des Sonnenlichts in der Photosynthese genutzt werden kann

der Natur Cyanobakterien, die in speziellen, ungewöhnlichen Umgebungen leben und neben dem blauen, grünen, gelben und roten Licht auch Licht mit Wellenlängen von 700–760 nm nutzen können [3]. Dieses Infrarotlicht ist nicht nur für das menschliche Auge praktisch unsichtbar, sondern es kann auch von den „Standardorganismen" der Photosynthese nicht genutzt werden. Diese speziellen Cyanobakterien bilden durch kleine chemische Variationen alternative Chlorophyllvarianten, das Chlorophyll d (Chl-d) und das Chlorophyll f (Chl-f). Bei beiden sind die Absorptionsspektren zu längeren Wellenlängen verschoben, so dass sie auch im nahen Infrarotbereich Licht absorbieren können. Diese Chlorophylle werden in die Proteinkomplexe der Photosysteme eingebaut.

Langwelligeres Licht entspricht einer geringeren Energie der Photonen. Dass diese Energie dennoch ausreicht, um den photosynthetischen Elektronentransport vom Wasser zum NADP anzutreiben, war eine Überraschung für die Photosynthese-ForscherInnen und ist bis heute nur teilweise verstanden. Unter anderem ist unklar, warum nicht alle photosynthetischen Organismen den Spektralbereich bis ca. 760 nm nutzen. Die Chl-d/f-haltigen Cyanobakterien leben und gedeihen nur bei ungewöhnlich niedrigen Lichtintensitäten bei einem vergleichsweise hohen Anteil an Infrarotlicht. So wurden z. B. die Chl-d-haltigen Cyanobakterien an der Unterseite von Seescheiden, also einfachen tierischen Meeresorganismen gefunden. Dieses Beispiel zeigt, dass das molekulargenetischen Einbringen der Enzyme zur Chl-d/f-Bildung auf eine erstaunlich einfache Art und Weise das nutzbare Spektrum der Photosynthese erweitern könnte. Allerdings wird dieser Ansatz die maximale Effizienz der Photosynthese nicht dramatisch nach oben verschieben können. Eine Erhöhung von ca. 10 % auf 11–12 % erscheint jedoch möglich.

Eine deutlichere Effizienzerhöhung erfordert eine radikale Reorganisation der photosynthetischen Lichtreaktionen [4]. Dies könnte gelingen, in dem die Antennenpigmente und chemischen Reaktionen der beiden Photosysteme, PSII und PSI, derart modifiziert werden, dass das PSII alleine den blau-grünen Anteil des Lichtspektrums nutzt und das PSI alleine den langwelligeren Anteil (gelb, rot und Teile des Infrarotbereichs). Dann wäre – theoretisch – auch eine Maximaleffizienz oberhalb von 20 % realisierbar. Chlorophyll wäre dann nicht mehr das Molekül der Wahl, da Chlorophylle immer sowohl im blauen als auch im roten Spektralbereich Licht absorbieren. Die Umgestaltung des nativen Photosyntheseapparats wäre derart drastisch, dass die schrittweise Veränderung ausgehend von den heutigen photosynthetischen Organismen kaum zum Erfolg führen könnte. Die Synthetische Biologie hat sich unter anderem die „Konstruktion" ganz neuer, quasi-biologischer Zellen, die keinen evolutionären Vorläufer in den existierenden biologischen Zellen haben, als Ziel gesetzt. Ob auf diesem Wege jemals überlebens- und vermehrungsfähige photosynthetische Zelle mit einer erhöhten Maximaleffizienz der Photosynthese erreicht werden können, ist dabei allerdings eine noch offene Frage.

Die reale, über das Jahr gemittelte Effizienz der Solarenergie-nutzung der Photosynthese für die Biomassebildung liegt meist bei weit weniger als einem Zehntel der maximalen Effizienz von ca. 10 %, wie in Abschn. 3.4 erläutert worden ist. *Kann der Unterschied zwischen der maximalen und der realen Effizienz verringert werden?* Modifikationen der photosynthetischen Zellen, die hier ansetzen, können besonders deutlich die Produktivität (je Fläche) erhöhen. Wesentliche Entwicklungen zur Erhöhung der durchschnittlichen Effizienz gehen in die folgenden Richtungen:

- Die deutlichen Effizienzverluste vieler Ackerpflanzen durch Aussaat-Ernte-Zyklen im Jahreslauf können bei photosynthetischen Mikroorganismen in geeigneten Photobioreaktoren auch ohne gentechnische Modifikation der Organismen vermieden werden.
- Verminderung der unerwünschten Reduktion von Sauerstoff an dem Rubisco-Enzym (Photorespiration), die mit der erwünschten CO_2-Reduktion in Konkurrenz steht (Abschn. 3.2.2), wird intensiv im Zusammenhang mit der Erhöhung der Produktivität von Ackerpflanzen erforscht. Sie könnte auch photosynthetischen Mikroorganismen Erfolge bringen. Da aber die typischen Verluste durch Photorespiration bei etwa 30 % liegen, ist keine Vervielfachung der Effizienz zu erwarten.
- Auch bei der Regulation bzw. genetischen Modifikation der Mechanismen zum Schutz der Organismen gegen hohe Lichtintensitäten bestehen Optimierungsmöglichkeiten, wobei die denkbaren Gewinne wiederum begrenzt sind.
- Besonders wesentlich sind die Verluste durch Einsetzen der Lichtsättigung bei vergleichsweise geringen Lichtintensitäten (Abschn. 3.4.1). Hier kann eine Verkleinerung der photosynthetischen Antennen eine deutliche Verbesserung bringen, wie bereits für Cyanobakterien demonstriert worden ist [5].
- Die Verzweigung der Energie- und Stoffflüsse könnte zugunsten des gewünschten Photosyntheseprodukts modifiziert werden, solange dadurch nicht die Überlebensfähigkeit der Organismen gefährdet wird. Insbesondere könnte der Energieaufwand der photosynthetischen Zellen für Schutz- und Vermehrungsmechanismen, die im Photobioreaktor nicht benötigt werden, minimiert werden.

Die hier skizzierten Optimierungsoptionen werden die Bäume nicht in den Himmel wachsen lassen. Sie können aber dazu beitragen, die durchschnittliche Effizienz der Photosynthese dichter an den Maximalwert von 10 % heranzubringen.

4.4   Maßgeschneiderte Produkte

Biologische Organismen können eine extreme Vielzahl von einfachen und hochkomplexen Molekülen bilden. Dies wird in der Zelle meist durch eine Reihe von Enzymen ermöglicht, die nacheinander Teilschritte der Synthesen des Endprodukts übernehmen. Derartige Syntheseketten sind untereinander verknüpft und werden auf verschiedenste Art und Weisen präzise reguliert, so dass der Bedarf der Zelle abgedeckt werden kann. Bei der Synthese von Molekülen im Reagenzglas oder auch großtechnischen Anlagen der chemischen Industrie ist die vollständige Spezifität oft nicht gegeben. Damit ist gemeint, dass neben dem Zielprodukt auch weitere Moleküle entstehen, die in oft aufwendigen Reinigungsschritten voneinander getrennt werden müssen. Biologische Organismen erreichen hingegen meist eine perfekte Spezifität.

Es liegt auf der Hand, dass die Nutzung der Fähigkeit von Zellen, eine Vielzahl von Molekülen spezifisch bilden zu können, von hohem Interesse für technologische Anwendungen ist. Dies hat zur Ausbildung der Biotechnologie geführt. Als Beispiel sei die Produktion von Insulin genannt. Die kontrollierte Zugabe von Insulin ist für Diabetiker oft überlebenswichtig. Früher war die Insulingewinnung auf die Extraktion aus großen Mengen von tierischem Gewebe angewiesen. Heute erfolgt die Produktion durch Bildung von Insulin in einem Bakterium, dessen Synthesewege mit gentechnischen Methoden modifiziert bzw. ergänzt wurden. Dieses Bakterium wird zur Insulinproduktion in großen Bioreaktoren mit Zuckerlösungen (Glukose) als Nahrungsquelle angezogen und nach dem „Ernten" der Bakterienpopulation wird das Insulin entnommen. Wegen der offensichtlichen Vorteile (im Vergleich zur Gewinnung nach der Schlachtung von Rindern) ist der Einsatz gentechnischer Methoden in diesem Fall nicht Gegenstand einer kontroversen gesellschaftlichen Auseinandersetzung.

Vor diesem Hintergrund liegt der Gedanke nahe, nun auch in photosynthetischen Organismen die Synthese spezifischer Zielmoleküle zu erreichen. Hierbei wäre die Energiezufuhr zum Überleben des Organismus und zur Produktion der Zielmoleküle dann nicht länger eine Zuckerlösung, sondern Solarenergie, die über die photosynthetischen Lichtreaktionen zugeführt wird. Tatsächlich war in den letzten zwei Jahrzehnten die photosynthetische Produktion von Wasserstoff Gegenstand zahlreicher Forschungsprojekte [5]. Bei der Produktion von „Photobiowasserstoff" konnte von Organismen ausgegangen werden, die unter speziellen Nährstoffbedingungen auch ohne genetische Modifikationen bereits in der Lage sind, Wasserstoff zu bilden. Die Bildung von Photobiowasserstoff ist auch bereits in kleineren Versuchsanlagen gelungen. Wahrscheinlich ist jedoch der nicht-biologische Weg beim besonders einfach gewinnbaren Molekül H_2 den biologischen Routen bezüglich Robustheit und insbesondere der Kosten der Anlagen deutlich überlegen (Kap. 7).

Anders könnte es bei der Bildung komplexer Brenn- und Wertstoffe aussehen. Die in technischen Systemen bisher unerreichte Fähigkeit biologischer Organismen, Kohlendioxid direkt aus der Atmosphäre trotz der geringen Konzentration von derzeit ca. 410 ppm effektiv zu nutzen, stellt eine wichtige Motivation für weitere Forschungsarbeiten in dieser Richtung dar. Daher steht die Bildung von kohlenstoffhaltigen Stoffen heute im Fokus der Forschungsarbeiten. Verbindungen mit relativ hohem Marktwert wären z. B. Öle oder Kerosin, die unmittelbar in Schiffs- oder Flugzeugmotoren eingesetzt werden könnten oder Ethylen, ein wichtiger Rohstoff für die Kunststoffproduktion [1, 2, 6]. Ein konkretes Beispiel für die Produktion eines organischen Wertstoffs mithilfe von genetisch „maßgeschneiderten" Mikroorganismen zeigt Abb. 4.3.

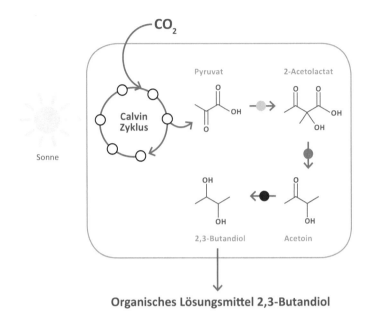

Organisches Lösungsmittel 2,3-Butandiol

Abb. 4.3 Biosynthese des organischen Wertstoffs 2,3-Butandiol mithilfe genetisch modifizierter Mikroorganismen [7]. Das erhaltene Produkt ist ein technisch wichtiges Lösungsmittel und gleichzeitig Ausgangsstoff für die Polymersynthese. (Quelle: Akademienstellungnahme)

Kasten 4.1 Gentechnisch modifizierte photosynthetische Organismen – Risiken und Probleme

Photosynthetische Algen- und Cyanobakterien haben sich über Jahrmillionen in Laufe der Evolution derart verändert, dass ihre Fitness in der jeweiligen nativen Lebensumwelt besonders hoch ist. Die gentechnische Modifikation photosynthetischer Organismen wird im Normalfall die Überlebens- und Vermehrungsfähigkeit der Zellen verringern. Im Vergleich zu den anderen, nativen photosynthetischen Organismen sinkt die Fitness – zumindest außerhalb des Photobioreaktors. Ähnlich wie ein hochgezüchtetes Hausschwein in freier Wildbahn nicht überlebensfähige wäre, so ist dies auch für photosynthetische Organismen nicht zu erwarten, die auf eine Gewinnung eines Produktstoffes hin modifiziert wurden. Die verringerte Überlebensfähigkeit macht die Verbreitung der genetisch modifizierten Organismen außerordentlich unwahrscheinlich.

Dennoch können Gefahren durch eine Freisetzung gentechnisch modifizierter Organismen nicht generell ausgeschlossen werden [8]. Dies würde insbesondere für (derzeit noch rein hypothetische) „synthetische Organismen" gelten, bei denen mit Methoden der Synthetischen Biologie die maximale Effizienz der Photosynthese erhöht ist. Dies könnte – wie weiter oben diskutiert – nur über eine vollständige Umkonstruktion des Photosyntheseapparats gelingen. Bei einem derartigen photosynthetischen Design-Organismus kann nicht von vornerein ausgeschlossen werden, dass sich Zellen herausbilden und verbreiten, die den heutigen photosynthetischen Organismen überlegen sind - trotz eines Vorsprungs von 2-3 Milliarden Jahren in der Evolution. Denn auch die Evolution verläuft häufig in Bahnen, die schon vor Urzeiten eingeschlagen wurden und durch eine Sequenz kleinerer evolutionärer Schritte nicht mehr verlassen werden können. (Ein bekanntes Beispiel für eine unumkehrbare evolutionäre Entwicklung ist der genetische Code mit der begrenzten Anzahl der codierten Aminosäuren.)

Während einerseits die verringerte Fitness modifizierter photosynthetischer Organismen vorteilhaft bezüglich der Vermeidung einer Ausbreitung außerhalb des Photobioreaktors ist, stellt sie für den Betrieb des Photobioreaktors ein potenzielles Problem dar. Andere (native) photosynthetische Organismen könnten eindringen und beginnen das Leben im Photobioreaktor zu dominieren. Diese Gefahr erfordert Maßnahmen zur Herstellung und Aufrechterhaltung der Sterilität, was bei Anlagen mit z. B. 5000 Litern Algensuspension auf einer Fläche von 1000 m^2 nur schwierig auf eine nachhaltige Art und Weise umzusetzen wäre. In jedem Fall würden hierdurch hohe Kosten verursacht werden. Aber auch bei vollständig sterilem Betrieb des Photobioreaktors drohen Probleme. Durch Spontanmutationen kann eine „Reversion" eintreten. Wird zum Beispiel ein zusätzlicher biosynthetischer Weg zu einem Brennstoff gentechnisch in die Zellen eingefügt, so könnte eine spontane Mutation auftreten, die zur Inhibition des zusätzlichen Synthesewegs führt. Diese wäre für die mutierte Zelle ein wesentlicher Selektionsvorteil, durch den ihre Nachfahren schon bald zum dominierenden Zelltyp werden, der jedoch bezüglich der Brennstoffproduktion vollkommen unproduktiv ist.

4.5   Fazit: Komplexe Wertstoffe statt Photobiowasserstoff

Die modifizierte Photosynthese von Algen und Cyanobakterien bietet die Option, unter Nutzung von Solarenergie eine Vielzahl einfacher und komplexer Brenn- und Wertstoffe zu produzieren. Über lange Zeit wurde dabei die Bildung von „Photobiowasserstoff" erforscht. Aus heutiger Sicht stellt diese Route jedoch keine attraktive Option mehr dar, da die hohen Kosten für Photobioreaktoren sowie die vergleichsweise geringe energetische Effizienz im Vergleich zu den deutlich weniger aufwendigen und energetisch effizienteren Systemen zur elektrolytischen Wasserspaltung z. B. in Kombination mit Photovoltaik-Modulen nicht konkurrenzfähig sind. Bei komplexeren Brenn- und Wertstoffen könnte das Bild jedoch ein anderes sein. Denn die nicht-biologische Produktion komplexer kohlenstoffbasierter Produkte ist (derzeit) energetisch meist ineffizient und erfordert kostspielige Produktionsanlagen, unter anderem für die Bereitstellung des Rohstoffs CO_2. Die Rolle der modifizierten Photosynthese in einem zukünftigen CO_2-neutralen Energie- und Rohstoffsystemen ist daher heute noch vollkommen offen und ihre Möglichkeiten sollten daher weiter sondiert werden.

Literatur

1. Banerjee, C., Dubey, K., Shukla, P.: Metabolic engineering of microalgal based biofuel production: Prospects and challenges. Front. Microbiol. **7**, 432 (2016)
2. Larkum, A., et al.: Selection, breeding and engineering of microalgae for bioenergy and biofuel production. Trends Biotechnol. **30**, 198 (2012)
3. Nürnberg, D.J., et al.: Photochemistry beyond the red limit in chlorophyll f-containing photosystems. Science. **360**, 1210 (2018)
4. Blankenship, R.E., et al.: Comparing photosynthetic and photovoltaic efficiencies and recognizing the potential for improvement. Science. **332**, 805 (2011)
5. Rögner, M. (Hrsg.): Biohydrogen. de Gruyter, Berlin (2015)
6. Erb, T., Zarzycki, J.: Biochemical and synthetic biology approaches to improve photosynthetic CO_2-fixation. Curr. Opin. Chem. Biol. **34**, 72 (2016)
7. Oliver, J., et al.: Cyanobacterial conversion of carbon dioxide to 2,3-butanediol. Proc. Nat. Acad. Sci. U. S. A. **110**, 1249 (2013)
8. acatech (Hrsg.): Perspektiven der Biotechnologie-Kommunikation. Kontroversen – Randbedingungen – Formate (acatech POSITION). Springer, Heidelberg (2012)

Nachhaltige Energiekreisläufe: Von der biologischen zur Künstlichen Photosynthese

5

5.1 Naturgeschichte und globaler Kohlenstoffkreislauf

Die Photosynthese ist aufs engste mit der Entwicklung des Lebens auf der Erde verknüpft (Abb. 5.1). Erste Lebewesen entstanden im Wasser, und schon relativ bald nach der Entstehung des Lebens auf der Erde betraten verschiedene photosynthetische Bakterien die Bühne. Allerdings konnten sie noch kein Wasser als Quelle von Elektronen und Protonen nutzen, sondern waren auf Schwefelwasserstoff oder andere Verbindungen angewiesen, die global nur an wenigen Orten vorhanden waren. Ein entscheidender Schritt auf dem Weg zu einem hochgradig belebten Planeten war daher die Entstehung der oxygenen Photosynthese. Die Schätzungen zum Zeitpunkt dieses naturgeschichtlichen Ereignisses variieren stark; vor circa 3 Milliarden Jahren mag es soweit gewesen sein. Damit setzte eine allmähliche Umwandlung der Erdatmosphäre ein, die letztendlich zur heutigen Zusammensetzung mit einem geringem Kohlendioxid- und hohem Sauerstoffanteil führte. Insbesondere die Erhöhung des Sauerstoffgehalts hatte dabei dramatische Konsequenzen.

© Springer-Verlag GmbH Deutschland, ein Teil von Springer Nature 2019
H. Dau et al., *Künstliche Photosynthese*, Technik im Fokus,
https://doi.org/10.1007/978-3-662-55718-1_5

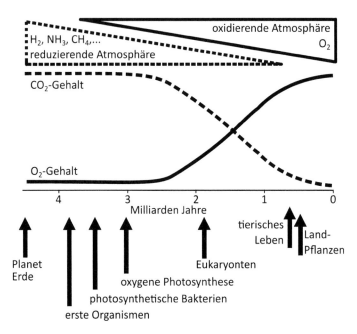

Abb. 5.1 „Evolution" der Atmosphäre im Zusammenhang mit Meilensteinen der biologischen Evolution

Vor etwa 2,5 Milliarden Jahren ereignete sich die „Große Sauerstoffkatastrophe", die in der englischen Fachliteratur etwas emotionsfreier als *great oxygenation event* (kurz GOE) bezeichnet wird. Während die Uratmosphäre praktisch sauerstofffrei war, begann der Sauerstoffanteil vor ca. 2,5 Milliarden Jahren auf ein Niveau zu steigen, welches sich „katastrophal" auf die bis dahin etablierten Lebensformen auswirkte. Der Grund ist die hohe Oxidationskraft des Sauerstoffs, d. h. die Fähigkeit, zahlreichen Stoffen Elektronen zu entziehen. Ein Beispiel dafür ist die Verbrennung von Holz, das sich aus zahlreichen Biomolekülen zusammensetzt. Bei der Verbrennung werden die Biomoleküle oxidiert und letztendlich vollständig zerstört, wobei der größte Teil der Atome des Holzes in Form von Kohlendioxid und Wasserdampf freigesetzt wird (und nur ein vergleichsweise kleiner Rest Asche zurückbleibt). Die Verbrennung von Holz ist eine Oxidationsreaktion, die hohe Temperaturen erfordert, wie jeder weiß, der einmal (ggf. sogar vergeblich) versucht hat, ein Lagerfeuer zu entfachen. Aber Oxidationsreaktionen finden auch bei tieferen Temperaturen statt, wenn auch wesentlich langsamer. In biologischen Zellen wird ein Teil des Sauerstoffs in reaktive Sauerstoff-Spezies umgesetzt. Dies sind insbesondere sogenannte Radikale oder auch Wasserstoffperoxid. Diese reaktiven Sauerstoff-Spezies können auch bei der normalen Umgebungstemperatur biologischer Zellen fast alle Biomoleküle angreifen bzw. durch Oxidation zerstören, ähnlich wie bei der Verbrennung bei hohen Temperaturen.

Die große Sauerstoff*katastrophe* bestand nun darin, dass der Anstieg der Konzentration des „toxischen" Sauerstoffs im Meerwasser und in der Erdatmosphäre ein großes Artensterben ausgelöst haben könnte. Das Leben auf der Erde ist dadurch nicht ausgelöscht worden, da der langsame Anstieg über ca. 500 Millionen Jahre genug Zeit dafür ließ, dass neue Spezies entstehen konnten, die an die neue Situation angepasst waren. Diese verfügten über eine Enzymausstattung, die eine effektive Entgiftung der reaktiven Sauerstoffspezies durch Umwandlung in harmlose Verbindungen ermöglicht. Es ist wahrscheinlich, dass die frühen Organismen der oxygenen Photosynthese auch hierbei Vorreiter waren, da sie schon immer – also auch bereits deutlich vor dem GOE – wegen der photosynthetischen Sauerstoffbildung mit hohen zellinternen Sauerstoffkonzentrationen umgehen mussten. Tatsächlich sind jedoch nicht alle „Anaerobier" (Organismen, die nur in Abwesenheit von Sauerstoff überleben können) untergegangen, denn die Erde bietet vom Erdreich bis zum menschlichen Darm eine Vielzahl „anaerober Nischen", in denen eine außerordentliche Vielfalt anaerober Bakterien bis heute erfolgreich überlebt. Wie katastrophal der GOE tatsächlich war, ist allerdings umstritten. Unter dem Titel „Oxygen – The Molecule that made the World" liefert Nick Lane eine faszinierende Darstellung aus verschiedenen Blickwinkeln [1].

Neben den dramatischen Konsequenzen für die biologische Artenvielfalt war das *Great oxygenation event* auch mit einer Umwälzung der mineralischen Welt verknüpft. Eine erste Konsequenz der oxygenen Photosynthese war, dass in den Meeren gelöstes Eisen in Form rot-brauner Eisenoxide („Rost") ausgefällt wurde und so zahlreiche rötliche Gesteinsformationen entstanden. Die Erhöhung des atmosphärischen Sauerstoffgehalts führte in ähnlicher Weise ganz generell dazu, dass die mineralische Welt der oberflächennahen Gesteinsschichten heute durch Mineralien mit hohem Sauerstoffgehalt geprägt wird.

Die zunehmende Erhöhung der atmosphärischen Sauerstoffkonzentration ermöglichte schließlich eine besonders effiziente Nutzung der in Biomolekülen (wie z. B. Glukose) gespeicherten Energie, nämlich die aerobe Respiration. Bei diesem Prozess, auch Zellatmung genannt, wird Sauerstoff aus dem Wasser oder der Luft aufgenommen und von der Zelle für die „kalte Verbrennung" der Biomoleküle genutzt. Die aerobe Respiration ist für alle höher entwickelten Lebewesen zentral und stellt in Summe genau die Umkehrung der Photosynthese dar. Glukose und Sauerstoff werden bei der Atmung also in Wasser und CO_2 umgewandelt, wobei für die Zelle nutzbare Energie (in Form von ATP-Molekülen) gewonnen wird. In praktisch allen tierischen und pflanzlichen Zellen – von einzelligen Algen bis zu hoch entwickelten Wirbeltieren – findet aerobe Respiration statt. Wegen des besonders hohen Oxidationspotenzials des Sauerstoffmoleküls ist die Energieausbeute der Zellatmung dabei deutlich höher als bei anaeroben Respirationsprozessen, zu denen z. B. die Umwandlung von Glukose in Alkohol und CO_2 bei der alkoholischen Gärung gehört.

Mit Photosynthese und aerober Respiration (Zellatmung) haben wir zwei zentrale Prozesse des globalen Kohlenstoff-Kreislaufs eingeführt. Abb. 5.2 zeigt, wie beide Vorgänge in der Biosphäre in Form eines nachhaltigen Kohlenstoffkreislaufs miteinander gekoppelt sind. Natürlich ist dieses Schema hochgradig vereinfacht, da z. B. Fermentationsprozesse wie die alkoholische Gärung fehlen. Sehr wichtig ist aber dies: die Kombination von Photosynthese und Zellatmung stellt einen vollständig regenerativen Energie-Stoff-Kreislauf mit enormen Umsätzen dar. Er ist das Vorbild für die mögliche Rolle der Künstlichen Photosynthese in einem nachhaltigen Energie- und Rohstoffsystem der Zukunft.

Der globale Kohlenstoffkreislauf war vor Beginn der massiven Nutzung von Kohle, Erdöl und Erdgas durch die Menschheit ein nachhaltiges System, bei dem die chemische Energiespeicherung

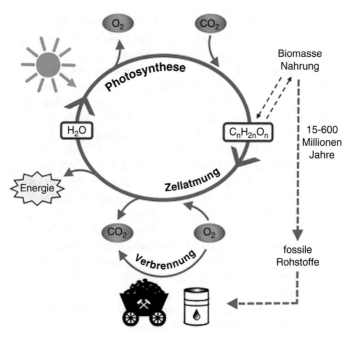

Abb. 5.2 Der globale Kohlenstoffzyklus aus Photosynthese, Zellatmung (aerobe Respiration) und der „Störung" des Gleichgewichts durch die technische Nutzung fossiler Brennstoffe

in der Photosynthese einerseits und die natürlichen Verbrennungsreaktionen auf globaler Ebene andererseits in einem dynamischen Gleichgewicht standen. Dieses Fließgleichgewicht wird durch Sonnenlicht bzw. Solarenergie angetrieben und ermöglicht so eine nachhaltige Energieversorgung des Lebens auf der Erde auf Basis einer quasi unerschöpflichen Energiequelle. An dieses Fließgleichgewicht gekoppelt waren und sind der Sauerstoff- und CO_2-Gehalt der Erdatmosphäre sowie der Meere (und auf geologischen Skalen auch die chemische Zusammensetzung von Gesteinsschichten). In jüngster Zeit ist dieses Gleichgewicht gestört worden. Verschiedene Faktoren trugen dazu bei, z. B. die Abholzung von Urwäldern und andere Störungen ehemals intakter Ökosysteme. Der quantitativ wichtigste Faktor in Bezug auf die Erhöhung des atmosphärischen CO_2-Gehalts ist jedoch die massive Nutzung fossiler Brennstoffe, über die der hohe Energiebedarf der heutigen Gesellschaft hauptsächlich gedeckt wird. Dies hat dazu geführt, dass derzeit global kein Gleichgewicht zwischen photosynthetischer CO_2-Fixierung und CO_2-Freisetzung mehr besteht. Wegen des massiven Wachstums der Weltbevölkerung in den vergangenen 150 Jahren auf bereits heute über 7 Milliarden Menschen ist es außerdem unmöglich, Energie und Rohstoffe allein auf Basis schnell nachwachsender biologischer Rohstoffe wie Holz oder Gräsern bereitzustellen (vgl. dazu auch die zuvor im Kasten 3.4 „Systemeffizienz" erläuterte vergleichsweise geringe Effizienz der Solarenergienutzung durch die biologische Photosynthese und den daraus resultierenden immensen Flächenbedarf.).

Mit dem Bild des in der Erdgeschichte so erfolgreichen globalen Kreislaufs aus Abb. 5.2 und seinen zentralen Komponenten Solarenergie, Wasser, O_2, CO_2, Brennstoffe (Kohlenhydrate) und Nutzenergie vor Augen drängt sich die folgende Frage auf: Kann es gelingen, einen ähnlichen, nicht-biologischen aber nichtsdestotrotz regenerativen Brennstoffkreislauf aufzubauen, der dazu beiträgt, die zur Zeit massive Nutzung fossiler Brennstoffe ein für alle Mal zu beenden? Die Vision eines anthropogenen regenerativen Brennstoffkreislaufs ist die zentrale Motivation für die vielfältigen Aktivitäten im Feld der Künstlichen Photosynthese, welche in den folgenden Kapiteln genauer beleuchtet werden.

5.2   Vorbild Biologie

5.2.1   Defizite des biologischen Vorbilds erkennen und vermeiden

Wie zuvor geschildert, erfolgt durch die biologische Photosynthese weltweit eine stoffliche (chemische) Speicherung von Solarenergie auf sehr großer Skala. Angetrieben durch sichtbares Licht werden Wasser und atmosphärisches Kohlendioxid als Rohstoffe genutzt, um einen Brennstoff zu erzeugen (z. B. Glukose). Dieser Brennstoff kann in kalten (aerobe Respiration) oder heißen Verbrennungsreaktionen (z. B. Holzfeuer) genutzt werden. In jedem Fall bilden Photosynthese und Verbrennung dabei einen Kreislauf, der bezüglich der Stoffflüsse in der Biosphäre geschlossen ist und so in der Summe ohne Veränderung der atmosphärischen CO_2-Konzentration durchlaufen wird. Ein die Photosynthese nachahmendes technisches System der stofflichen Energiespeicherung könnte die regenerative Erzeugung nicht-fossiler Brennstoffe (oder auch von Wertstoffen bzw. Rohstoffen für die chemische Industrie) ermöglichen und damit die aus verschiedenen Gründen äußerst problematische Nutzung fossiler Brennstoffe überflüssig machen. Die Künstliche Photosynthese ist in diesem Sinne eine Richtung der Biomimetik, also eine Technologie, die auf der Nachahmung erfolgreicher biologischer Konzepte basiert.

Obwohl auf den ersten Blick äußert attraktiv, so verlangt die Idee einer biomimetischen Künstlichen Photosynthese doch eine tiefergehende Diskussion, die nun – auf der Basis der vorhergehenden Unterkapitel – erfolgen kann. Tatsächlich wurde die biologische Photosynthese über hunderte von Millionen Jahre bis in zahlreiche Details hinein evolutionär optimiert. Diese Optimierung war aber nicht auf das Ziel ausgerichtet, unsere modernen Gesellschaften mit Brennstoffen zu versorgen. Daraus resultieren drei starke Argumente gegen eine „enge" Biomimetik für die Künstliche Photosynthese:

I. *Die photosynthetischen Licht- und Dunkelreaktionen sind außerordentlich komplex.* Eine Nachahmung, die sich eng an das biologische Vorbild hält, erscheint daher kaum durchführbar. Sie übersteigt die Möglichkeiten der heutigen Synthesechemie und Chemietechnik bei weitem und stellt auch unter den Gesichtspunkten von Kosten und Störanfälligkeiten keine attraktive Option dar.

II. *Die Stabilität und Lebensdauer der einzelnen Komponenten des biologischen Photosyntheseapparats ist für ein technisches System unzureichend.* Als Beispiel sei der Austausch einer zentralen Proteinuntereinheit des Photosystems II genannt, der bei hohen Lichtintensitäten mehr als einmal pro Stunde erfolgen muss, um die Funktionsfähigkeit des Photosystems zu erhalten. In photosynthetischen Zellen ist dies möglich, erfordert aber eine vollständige Neusynthese der Proteinuntereinheit sowie ihren fehlerfreien Einbau durch eine Reihe

spezieller „Reparatur-Proteine". Der Grund für den Austausch sind Nebenreaktionen, die meistens reaktive Sauerstoffspezies involvieren und in der biologischen Photosynthese nur minimiert, nicht aber ganz vermieden werden
können. Bei einer engen Nachahmung der biologischen Photosynthese treten dieselben destruktiven Nebenreaktionen
auf. In technischen Systemen ist jedoch die Realisierung ähnliche effektiver Selbstreparaturmechanismen auf absehbare
Zeit nicht durchführbar.

III. *Die energetische Effizienz der Photosynthese bei der Produktion von Brennstoffen ist vergleichsweise gering,* insbesondere bei mittleren und hohen Lichtintensitäten. Denn bei der
evolutionären Optimierung des Photosyntheseapparats stand
eben nicht die effiziente Produktion nicht-fossiler Brennstoffe, sondern ein robustes Wachstum und die maximale Vermehrung bzw. Ausbreitung des jeweiligen Organismus im
Vordergrund. Die Optimierung eines technischen Verfahrens
findet dagegen unter anderen Rahmenbedingungen statt.

5.2.2 Vom Vogelflug zum Flugzeug: Biologie als Inspirationsquelle

Ein enger biomimetischer Ansatz würde also an der hohen Komplexität, unzureichenden Stabilität und geringen Effizienz des
biologischen Vorbilds scheitern. Diese Situation ist vergleichbar
mit der Entwicklung von Flugapparaten. Schon in der Antike ist
mit dem Mythos über Dädalus und Ikarus der Traum vom biomimetischen Fliegen dokumentiert: mit Federn, die sie mit Bienen-
wachs an den Armen befestigten, sollen Dädalus und Ikarus einen
Flügelschlag in enger Analogie zu Vögeln ausgeführt haben, der
einen erfolgreichen Flug (wenn auch mit tragischem Ausgang)
möglich machte. Ähnliche Ideen wurden auch von Leonardo da
Vinci (1452–1519) in wunderschönen Konstruktionsskizzen zu
Flugmaschinen niedergelegt, wobei da Vinci aber auch schon
„Luftschrauben" als nicht-biomimetische Antriebsmechanismen
ins Spiel brachte. Zahlreiche praktische Versuche mit mehr oder
weniger biomimetischen Fluggeräten scheiterten, nicht selten
dramatisch. Im 19. Jahrhundert wurden dann erste systematische

Untersuchungen zu den Grundlagen des Vogelflugs durchgeführt. Basierend auf der Analyse des Vogelflugs, Experimenten zu Luftströmungen und physikalischen Gesetzen zur Strömungsdynamik entwickelte dann Otto Lilliental (1848–1896) unterstützt von seinem Bruder Gustav eine Theorie des Vogelflugs, die er 1889 in Form des mit zahlreichen Skizzen bebilderten Buches *„Der Vogelflug als Grundlage der Fliegekunst"* veröffentlichte [2] (Abb. 5.3). Weltruhm erlangte Otto Lilienthal dadurch, dass er der erste Mensch war, der wiederholt und gut dokumentiert (unter anderem durch zahlreiche Fotos) mit einem vogelähnlichen Fluggerät geflogen ist. Wie beim Vogelflug, war sein Fluggerät schwerer als Luft und es glitt wie ein Vogel im Segelflug durch die Luft. Die Nachahmung physikalischer Grundprinzipien war der Schlüssel zum Erfolg, aber ganz andersartige Materialien kamen beim Bau der Flügel zur Anwendung; die Vogelfedern wurden anfangs durch Stoffe und (wesentlich) später durch Metallplatten ersetzt. Einige Jahre später kam der motorisierte Antrieb durch Motoren und Propeller hinzu. Für beide gibt es kein biologisches Pendant, es fand stattdessen ein Technologietransfer vom Automobilbau statt.

Für die Künstliche Photosynthese könnte die soeben skizzierte Entwicklung der Technologie heutiger Flugzeuge durchaus als Leitlinie dienen. Eine enge Biomimetik war bei der Entwicklung des Flugzeugs wegen hoher, technik-inkompatibler Komplexität, unzureichender Stabilität und geringer Effizienz (kein Transport größerer Lasten, hoher Energieverbrauch) des biologischen Vorbilds nie eine vernünftige Option gewesen. Dennoch hatte das biologische Vorbild die prinzipielle Machbarkeit bewiesen. Durch seinen Erfolg in der natürlichen Welt einerseits sowie der Harmonie und Eleganz des Vogelflugs andererseits hat es inspiriert und die technische Nachahmung angeregt. Das Verständnis der wissenschaftlichen Grundprinzipien war von hoher Wichtigkeit, aber neue Materialien mussten zur Umsetzung gefunden werden. Ferner traten Kombinationen mit Technologien hinzu, die in einem ganz anderen, nicht-biologischen Kontext entwickelt wurden, nämlich die der Verbrennungsmotoren sowie spezifische Neuentwicklungen wie z. B. die Turbinen der Düsenflugzeuge.

Ähnlich könnte auch die Entwicklung der Künstlichen Photosynthese voranschreiten: Aufbauend auf den Grundprinzipien des

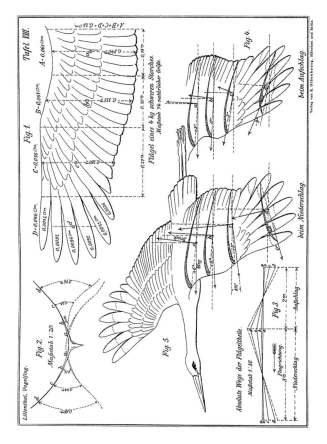

Abb. 5.3 Abbildung von Otto Lilienthal zu den physikalischen Eigenschaften der Flügel von Weißstörchen (aus [2], Nachdruck mit freundlicher Genehmigung des Otto-Lilienthal-Museums Anklam)

biologischen Vorbilds werden neuartige, nicht-biologische aber in ihrer Funktion biomimetische Materialien entwickelt und verschmolzen mit Technologien, die in einem anderen Kontext bereits einen hohen Reifegrad erreicht habe (wie z. B. Halbleiter-Photovoltaik, Mikrofluidik, Nanostrukturierung) oder ganz neue Pfade beschritten (z. B. selbst-organisierte oder selbstreparierende Systeme). Wie das folgende Kapitel beschreiben wird, arbeiten WissenschaftlerInnen weltweit bereits seit einiger Zeit an den Grundlagen der Künstlichen Photosynthese und in letzter Zeit ist hier sogar eine regelrechte Explosion neuer Entwicklungen zu beobachten. In den kommenden Jahren wird die Entwicklung der Künstlichen Photosynthese (und der verwandten Technologierichtung „Power-to-X", Abschn. 5.3) durch engere Kooperationen zwischen Grundlagenforschung und Ingenieurwissenschaften weiter gestärkt werden, sodass eine Phase des Geräte- und Anlagenbaus in Angriff genommen werden kann. Auch diese Entwicklung hat bereits begonnen und wird im Kap. 7 dieses Buches durch Beispiele illustriert.

5.3 Fünf Wege zu nicht-fossilen Brenn- und Rohstoffen

Verschiedene Routen bzw. Technologielinien könnten die regenerative Gewinnung nicht-fossiler Brenn- und Wertstoffe auf großer Skala möglich machen. Die dafür im Folgenden diskutierten Wege beruhen dabei entweder auf der Nutzung photosynthetischer Organismen (Bäume, Ackerpflanzen, Algen, Cyanobakterien …) oder der Realisierung von Grundprinzipien der biologischen Photosynthese in nicht-biologischen, technischen Systemen (Künstliche Photosynthese, Power-to-X) – und jeder dieser Wege hat seine spezifischen Stärken und Schwächen.

(1) Anbau von Ackerpflanzen zur Produktion von Biotreibstoffen

Pflanzenmaterial wird geerntet und die erhaltene Biomasse wird in mehreren Schritten in Treibstoffe umgesetzt. Hierbei liegt in der Summe die erreichbare Effizienz der Solarenergienutzung noch

wesentlich unter der ohnehin geringen Effizienz der Photosynthese auf der Ebene der im Jahresmittel gewachsenen Biomasse.
Die Gewinnung von Biotreibstoffen ist technologisch seit längerem etabliert und erfolgt weltweit in großem Maßstab. Derzeit
werden in Deutschland fossile Brennstoffe gemäß entsprechender
gesetzlicher Vorgaben durch Biotreibstoffe ergänzt. So werden
zum Beispiel dem Benzin 5 % eines Biotreibstoffs zugesetzt (als
„E5" bezeichnet). Der weitere Ausbau der Biotreibstoffgewinnung
stößt aber zunehmend auf Kritik. Der hohe Flächenbedarf führt
auf globaler Ebene zu einer Konkurrenz mit dem Lebensmittelanbau und so zu erhöhten Preisen für Grundnahrungsmittel. Zumindest in Europa tritt jedoch ein anderer kritischer Aspekt hinzu,
nämlich die Frage, ob die Gewinnung und der Einsatz von Biotreibstoffen tatsächliche zu einer Reduktion von Treibhausgasen
führt. Eine Studiengruppe der deutschen Akademien der Wissenschaft ist zu dem Schluss gekommen, dass dies nur bei der Gewinnung von Biotreibstoffen aus Abfällen der Fall ist [3].

(2) Modifizierte Photosynthese in Algen und Cyanobakterien
Dieser Weg unterscheidet sich klar von den zuvor diskutierten
Biotreibstoffen. Hier produzieren genetisch modifizierte Algen,
Cyanobakterien oder sogar ganz neue Organismen, die mit den
Methoden der synthetischen Biologie erzeugt werden, unmittelbar Brenn- und Wertstoffe (Kap. 4). Wie bereits geschildert, liegt
die Stärke dieses Ansatzes einerseits in der unproblematischen
Nutzung des atmosphärischen CO_2 als Rohstoff und andererseits
in der Möglichkeit, auch Stoffe zu gewinnen, die bei nichtbiologischen chemischen Synthesen nur über aufwendige mehrstufige
Routen mit meist hohen energetischen und stofflichen Verlusten
produziert werden könnten. Die Details der biotechnologischen
Realisierung sind aber noch weitgehend offen und sowohl in Bezug auf die erforderliche gentechnische „Umgestaltung" der
Zellen als auch in Hinblick auf praktikable Photobioreaktoren besteht hoher Forschungs- und Entwicklungsbedarf. Derzeit kann
daher noch nicht vorausgesagt werden, ob und für welche Brenn-
und Wertstoffe die modifizierte Photosynthese eine Rolle in den
nachhaltigen Energiesystemen der Zukunft spielen wird.

(3) Künstliche Photosynthese
Die Kopplung der Umwandlung von Solarenergie mit katalytischen Prozessen zur Produktion von Brenn- und Wertstoffen in einem vollständig integrierten System aus synthetischen Komponenten – diese Strategie sowie ihre Vor- und Nachteile werden ausführlich im folgenden Kap. 6 dargestellt.

(4) Power-to-X
Die Bezeichnung „Power-to-X" steht für die Nutzung von Elektrizität aus dem Stromnetz, um einen Brennstoff (X) zu erzeugen. Bisher sind diese Brennstoffe meist die Gase Wasserstoff oder Methan, dem Hauptbestandteil des Erdgases, so dass dann von „Power-to-Gas" gesprochen wird. Aber auch komplexere, flüssige Brennstoffe können realisiert werden (Abschn. 7.4). Bei Power-to-X Anlagen spielt genau derselbe Satz chemischer Reaktionen (und Katalysatoren) eine zentrale Rolle wie in der Künstlichen Photosynthese. Insofern sind die beiden Technologiekonzepte eng verwandt, zumindest, wenn der für Power-to-X verwendete Strom aus erneuerbaren Quellen erzeugt wird. In der Künstlichen Photosynthese wird jedoch Solarenergie prinzipiell am selben Ort sofort zur Produktion des Brennstoffs genutzt, so dass der oft verlustreiche und kostspielige „Umweg" über das Stromnetz entfällt. Einige größere Power-to-Gas Pilotanlagen wurden in Deutschland bereits realisiert und dienen meist der Einspeisung von Wasserstoff oder Methan in das Erdgasnetz.

(5) Hybridsysteme – Kombination von biologischen und nicht-biologischen Komponenten
Der hier zugrunde liegende Gedanke ist die Kombination der Vorteile von Künstlicher Photosynthese oder Power-to-X-Verfahren einerseits und biologischen Organismen andererseits. Die nicht-biologischen Verfahren nutzen die Solarenergie vor Ort (Künstliche Photosynthese) oder erneuerbare Elektrizität aus dem Stromnetz (Power-to-X) um einfache Brennstoffe zu erzeugen. Dies wäre entweder die Gewinnung von Wasserstoff aus Wasser oder aber von einfachen Kohlenstoffverbindungen wie CO (Kohlenstoffmonoxid) aus Wasser und CO_2 – beides mittels der

katalytischen Prozesse, wie sie in Kap. 6 beschrieben sind. Wasserstoff oder CO dienen dann anschließend speziellen, nicht-photosynthetischen Bakterien als Nahrungsquelle. Die Bakterien können einfache Brennstoffe erzeugen, wie zum Beispiel die Methanbildung durch sogenannte methanogene Bakterien. Noch interessanter ist jedoch die Produktion komplexerer, höherwertiger Brenn- und Wertstoffe durch genetisch entsprechend modifizierte Bakterien (Kap. 4). Die potenziell sehr effiziente Nutzung erneuerbarer Energien zur Gewinnung von Wasserstoff oder CO kann mit der Vielseitigkeit der Bakterien in der Produktion von Brenn- und Wertstoffen kombiniert werden. Da im Gegensatz zur modifizierten Photosynthese keine Photobioreaktoren erforderlich sind, können die Bakterien in vergleichsweise einfachen, großvolumigen Anlagen angezogen werden. Auch eine anaerobe (sauerstofffreie) Bakterienumwelt kann realisiert werden, was die Vielseitigkeit der möglichen Produkte weiter erhöht. Erste Beispiele für die nicht-biologisch – biologischen Hybridsysteme wurden bereits in Form von Pilotanlagen realisiert, wie sie z. B. in Abschn. 7.4 beschrieben werden.

5.4 Solarenergienutzung durch Photovoltaik und Künstliche Photosynthese im Vergleich

Die Solarenergienutzung in Photovoltaikanlagen ermöglicht heute schon eine kostengünstige Stromerzeugung für 3–6 Euro-Cent je kWh und ist ein zentraler Bestandteil in den Planungen vieler Länder für eine zukünftige, nachhaltige Energieversorgung. Warum möchte man nun Solarenergie durch Künstliche Photosynthese nutzen und was ist der Unterschied zur Photovoltaik? Tatsächlich sind die beiden Ansätze in einigen Aspekten prinzipiell verschieden. Dies gilt zum einen für die beteiligten physikalisch-chemischen Prozesse, wie im folgenden Kap. 6 erläutert wird. Es betrifft aber auch die Einbindung und Rolle im nationalen und internationalen Rahmen des Energiesystems der Zukunft. Einen Überblick über die wesentlichsten Unterschiede beider Formen der Solarenergienutzung liefert die folgende Tab. 5.1.

Tab. 5.1 Solarenergienutzung durch Künstliche Photosynthese und Solarstrom/Photovoltaik im Vergleich (nach [4])

	Solarstrom/Photovoltaik	Künstliche Photosynthese
Energieumwandlung	Solarenergie → Strom	Solarenergie → Brenn- und Wertstoffe
Energiespeicherung	• Speicherung von Elektrizität erfordert hohen Zusatzaufwand • verschiedene Batterie-Typen zur Speicherung elektrischer Energie vorhanden • wegen geringer Energiespeicherdichte (Gewicht und Platzbedarf hoch), derzeit primär auf kleinen (mobile Elektronik) und mittleren (PKW, PV-Heimsysteme) Skalen eingesetzt; MWh-Speicher kostenintensiv • hohe energetische Effizienz (geringe Energieverluste) • vollständiger Ersatz fossiler Brennstoffe problematisch (Luft- und Schiffsverkehr, Petrochemie) • technologische Lösbarkeit unklar für Batteriespeicherung großer Mengen elektrischer Energie (Speicherung über Pumpspeicherkraftwerke jedoch möglich sowie Power-to-X Option)	• Energie wird unmittelbar in nicht-fossilen Brenn- oder Wertstoffen gespeichert • verschiedene Tank-Typen zur Speicherung bzw. Lagerung von gasförmigen und flüssigen Brenn- und Wertstoffen • begünstigt durch hohe Energiespeicherdichte, auf mittleren (PKW, LKW) und großen Skalen gut einsetzbar (GWh-Bereich, Vorratshaltung für nationalen Bedarf über Monate möglich) • erreichbare energetische Effizienz noch unklar, aber geringer als bei Stromspeicherung in Batterien • Potenzial für vollständigen Ersatz fossiler Brenn- und Rohstoffe in allen Bereichen ist gegeben • keine prinzipiellen technologischen Probleme (ähnliche Speicher-und Sicherheitstechnologien wie bei fossilen Brennstoffen; Optimierungsbedarf bei Wasserstoff)
Energietransport	Elektrische Leitungssysteme, Überland-Hochspannungsleitungen	Gas- und Flüssigbrennstoff-Leitungen (Rohre, Pipelines), Gütertransport (Tankwagen, Lastschiffe)

Literatur

1. Lane, N.: Oxygen – The Molecule That Made The World. Oxford University Press, Oxford (2002)
2. Lilienthal, O.: Der Vogelflug als Grundlage der Fliegekunst, S. 1889. Gaertner, Berlin
3. Nationale Akademie der Wissenschaften, Leopoldina: Bioenergie – Möglichkeiten und Grenzen. Nationale Akademie der Wissenschaften, Halle (Saale) (2012)
4. acatech – Deutsche Akademie der Technikwissenschaften, Nationale Akademie der Wissenschaften Leopoldina, Union der deutschen Akademien der Wissenschaften (Hrsg.): Künstliche Photosynthese. Forschungsstand, wissenschaftlich-technische Herausforderungen und Perspektiven. acatech, München (2018)

Künstliche Photosynthese: Eine Analyse in Teilprozessen

6

In Kap. 3 wurde aufgezeigt, wie elegant (aber auch hoch kompliziert) es der belebten Natur um uns gelingt, die Lebewesen auf der Erde über die oxygene Photosynthese mit fast der gesamten benötigten Energie sowie dem Großteil ihrer kohlenstoffbasierten Rohstoffe zu versorgen. Die dabei global umgesetzte und (zumindest zwischenzeitlich) gespeicherte Menge an Sonnenenergie wird auf ca. 1 Million TWh geschätzt, die Masse des umgesetzten Kohlenstoffs auf über 400 Milliarden Tonnen pro Jahr. Im Vergleich dazu sind die Bedürfnisse der inzwischen weit über 7 Milliarden Menschen auf der Erde derzeit noch um einen Faktor 5–10 kleiner und belaufen sich auf ~200.000 TWh Energie und ~40 Milliarden Tonnen fixiertem Kohlenstoff. Beide stammen wie in Kap. 1 geschildert derzeit zu ca. ¾ aus fossilen Quellen – und sind damit ebenfalls Produkte lang zurückliegender Photosynthese-Aktivitäten.

Angesichts dieser Größenordnungen ist es nicht verwunderlich, dass bereits die zuvor erwähnten Vordenker Giacomo Ciamician oder Jules Verne Zukunftsszenarien entwickelten, wie auch eine Industriegesellschaft anstelle von Kohle, Öl und Gas das Licht der Sonne als Haupt-Energiequelle nutzen könnte.

Trotz dieser frühen, grundlegenden Erkenntnisse und Visionen dauerte es mehr als ein halbes Jahrhundert, bis der Begriff „Künstliche Photosynthese" in der Wissenschaft populär wurde. Wie in Kap. 1 ebenfalls erwähnt, zeigten die beiden Ölkrisen der

1970er-Jahre den Industrienationen Europas und Nordamerikas ihre Abhängigkeit vom fossilen Rohstoff Erdöl auf. Als Reaktion darauf wurden in diesen Ländern verschiedene Forschungsprojekte initiiert, in denen vor allem die Möglichkeiten zur Gewinnung von Brennstoffen mithilfe von Sonnenenergie erkundet werden sollten. Dabei war anfangs fast ausschließlich die lichtgetriebene Produktion des Energieträgers Wasserstoff (H_2) das Ziel der Forschung.

Bis heute gültige Prinzipien, wie dies realisiert werden könnte, orientierten sich bereits damals am vorhandenen Wissen über die biologische Photosynthese. So formulierte Vincenzo Balzani (Professor am „Ciamician-Institut" der italienischen Universität Bologna) schon 1975 die Grundlagen einer *„Solar Energy Conversion by Water Photodissociation"* [1]. Und schon 1981 erschien ein Übersichtsartikel von Michael Grätzel (dem Erfinder der Farbstoff-Solarzellen, Abb. 6.4) mit der Überschrift *„Artificial Photosynthesis: Water Cleavage into Hydrogen and Oxygen by Visible Light"* [2]. Mit dem Ende der Ölkrisen wurde es dann aber für rund 25 Jahre wieder recht still um das Thema, und erst die wieder aufkommenden Ängste zum Thema Energieversorgung infolge des Zweiten Golfkriegs von 2003, die deutlichen Hinweise auf die beginnende Erderwärmung (z. B. im 3. IPCC-Bericht von 2001, Abschn. 1.2.4), aber auch ein ganz grundsätzlich gestiegenes Umweltbewusstsein erzeugten eine neue Dynamik für das Feld. Diese hält nun seit ca. 15 Jahren unvermindert an und äußert sich weltweit in zahlreichen Forschungs- und Entwicklungsaktivitäten [3–9].

6.1   Definition und Überblick

Wie der kurze Rückblick in die Geschichte gezeigt hat, ist die „Künstliche Photosynthese" also je nach Bezugspunkt eine entweder sehr neue oder aber eine bereits über 100 Jahre alte Idee. Was genau ist „Künstliche Photosynthese" aber eigentlich? Angesichts der langen Entwicklung und der inzwischen sehr vielfältigen Forschungslandschaft in diesem Bereich ist eine allgemeine Definition schwierig und ganz sicher auch davon abhängig, welche der vielen Akteure des Feldes man dazu befragt. Wir halten uns für dieses Buch an den Wortlaut der Akademien-Stellungnahme „Künstliche Photosynthese" von 2018 [9]:

▶ „Die Künstliche Photosynthese dient der Produktion chemischer Energieträger und Wertstoffe unter Verwendung von Sonnenlicht als einziger Energiequelle in integrierten Apparaten und Anlagen. Die besondere Stärke des Ansatzes liegt dabei in der Bereitstellung von erneuerbarer Energie in stofflich gespeicherter, sowie lager- und transportierbarer Form. Um dies zu erreichen, wird ein zentrales Prinzip des biologischen Vorbilds nachgeahmt: die Kopplung von lichtinduzierten Ladungstrennungen mit katalytischen Prozessen für die Produktion energiereicher Verbindungen."

Diese recht „technische" Definition lässt bereits vermuten, dass es bei der Künstlichen Photosynthese also im Sinne einer „lockeren Biomimetik" (Abschn. 5.2) darum geht, grundlegende Prinzipien und Teilprozesse der biologischen Photosynthese nachzuahmen, ohne das sehr komplexe biologische Vorbild 1:1 kopieren zu wollen. Wie in Kap. 3 ausführlich dargelegt, beinhaltet die biologische Photosynthese vier Schlüsselschritte: Lichtabsorption, Ladungstrennung, Wasseroxidation und CO_2-Reduktion. Während die ersten drei davon auch für die Künstliche Photosynthese „alternativlos" sind, machen die erwähnten frühen Arbeiten aus den 1970er-Jahren bereits deutlich, dass die Künstliche Photosynthese von Beginn an andere Produkte anstrebt als z. B. die Kohlenhydrate der Zellen. So werden je nach Projekt Wasserstoff (H_2, aus der Reduktion von Protonen, H^+), verschiedene kleine Kohlenstoffmoleküle (Kohlenmonoxid (CO), Methanol (CH_3OH), Methan (CH_4), Ethylen (C_2H_4), …) aus der Umsetzung von CO_2 oder sogar Ammoniak (NH_3) als Reduktionsprodukt des Stickstoffs (N_2) aus der Luft formuliert (Abb. 6.1). Ein System für die Künstliche Photosynthese wird sich also hinsichtlich seiner Erzeugnisse in der Regel stark vom natürlichen Vorbild unterscheiden, im Sinne des in Kap. 5 vorgestellten Vogel-Flugzeug-Paradigmas aber sowohl generelle Funktionsprinzipien als auch das Ziel (Energie- und Rohstoffbereitstellung) nachahmen.

Wie wir im Folgenden sehen werden, gibt es zwei weitere Besonderheiten der Künstlichen Photosynthese: 1) die für die vier Teilschritte eingesetzten Komponenten haben hinsichtlich ihrer chemischen Zusammensetzung meist kaum etwas gemein mit den Farbstoffen und Enzymen der Pflanzen und 2) in klarer Abgrenzung zu Power-to-X-Anlagen findet die Künstliche Photosynthese

$$H^+ / CO_2 / N_2 + H_2O \xrightarrow{\text{Sonnen-}\atop\text{energie}} H_2 / CH_4 / NH_3 + O_2$$

Abb. 6.1 „Reaktionsgleichung" der Künstlichen Photosynthese: je nach Prozess können verschiedene Produkte gewonnen werden. Dabei kann vor allem die Umsetzung von Kohlendioxid (CO_2) zu vielen möglichen Stoffen führen, für die hier beispielhaft der Kohlenwasserstoff Methan (CH_4, Hauptkomponente von Erd- oder Biogas) aufgeführt ist

in vollständig integrierten Apparaten statt, die benötigte Energie wird also nicht dem Stromnetz entnommen. Im nachfolgenden Kap. 7 dieses Buches werden erste Beispiele bereits realisierter Anlagen vorgestellt, vor allem das elegante Design der sogenannten „Künstlichen Blätter", aber auch die sehr pragmatische direkte Kopplung von bewährten Photovoltaikmodulen mit Elektrolysezellen.

Allen in Abb. 6.1 gezeigten künstlichen photosynthetischen Prozessen ist gemeinsam, dass sie die Übertragung von Reduktionsäquivalenten (e^-, Elektronen) unter Einsatz von solarer Energie erfordern. Zusätzlich findet immer auch ein Umsatz von Protonen (H^+, positiv geladene Kerne des Wasserstoffatoms) statt. Solche Gesamtreaktionen bezeichnet man in der Chemie als „protonengekoppelten Elektronentransfer" und im Kontext der Künstlichen Photosynthese sind diese oft von zentraler Bedeutung, da sowohl für die Produktion von Wasserstoff (H_2) als auch bei der Gewinnung von kohlenstoffbasierten Brenn- und Wertstoffen wie Methan (CH_4) aus CO_2 und sogar bei der Synthese von Ammoniak (NH_3) aus Luftstickstoff (N_2) als Energieträger oder Kunstdünger sowohl Elektronen als auch Protonen vonnöten sind. Dies kann auch unter dem Gesichtspunkt der Ladungsneutralität verstanden werden. Da aus neutralen Molekülen wiederum neutrale Stoffe entstehen, muss die Zahl der übertragen negativen Ladungen (Elektronen) und positiven Ladungen (Protonen) genau gleich groß sein.

Im Gegensatz zur Vielfalt möglicher Reaktionen für die Produktbildung ist die Oxidation von Wasser zu molekularem Sauerstoff die einzige realistische Quelle für die im Gesamtprozess benötigten Elektronen und Protonen. Andere prinzipiell denkbare Elektronenquellen führen entweder zur Bildung toxischer Verbindungen (z. B. die Oxidation von Chlorid aus Meerwasser zu Chlor) oder stehen global in zu geringen Mengen zur Verfügung,

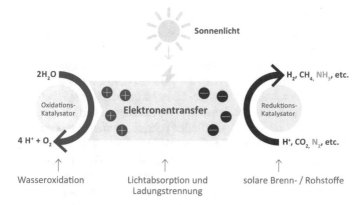

Abb. 6.2 Teilprozesse der Künstlichen Photosynthese. Initiiert durch Lichtabsorption und Ladungstrennung laufen die chemischen Reaktionen der Wasseroxidation und der Reduktion von CO_2, H^+ bzw. N_2 zu Brenn- und Wertstoffen an jeweils für diese Vorgänge optimierten Katalysatoren ab. (Quelle: [9])

um interessante Ausgangsstoffe für die Künstliche Photosynthese zu sein (z. B. sulfidische Erze). Darüber hinaus ermöglicht alleine die Wasseroxidation einen wirklich nachhaltigen Kreislauf aus Brennstoffsynthese und Verbrennung.

Gesamtprozesse der Künstlichen Photosynthese bestehen neben Lichtabsorption und Ladungstrennung also immer aus zwei gekoppelten Stoffumsetzungen (sogenannten Halbreaktionen): der Oxidation von Wasser als Elektronen- und Protonenquelle und der Reduktion von H^+, CO_2, N_2 etc. zu den Brenn- und Wertstoffen H_2, CH_4 bzw. NH_3 als Elektronen- und Protonensenke (Abb. 6.2). Die Vorgänge können nur gemeinsam ablaufen und dies ist eine zentrale Rahmenbedingung, die sowohl bei der Entwicklung der Künstlichen Photosynthese, aber z. B. auch bei Power-to-X-Systemen zu beachten ist.

6.2 Lichtabsorption und primäre Ladungstrennung

Die Initialprozesse sowohl der biologischen als auch der Künstlichen Photosynthese sind Lichtabsorption und Ladungstrennung (vergleiche Abb. 3.2 und Abb. 6.2). In der biologischen Photosynthese erfolgen Lichtabsorption und Ladungstrennung durch „Blattfarb-stoffe", unter denen die grünen Chlorophyll-Moleküle die prominentesten sind. Für künstliche Systeme werden ebenfalls lichtabsorbierende Pigment-Moleküle aber auch Festkörper (meist Halbleiter-Materialien wie in der Photovoltaik) eingesetzt.

Seit Jahrzehnten entwickeln ForscherInnen daher synthetische Farbstoffmoleküle mit dem Ziel, diese analog zu den Chlorophyllen der Pflanzen und Algen für den lichtinduzierten Ladungstransfer einzusetzen. Nach der Absorption der Energie eines Photons aus dem sichtbaren Bereich des Sonnenlichts befinden sich diese Moleküle in einem energiereichen Zustand, aus dem heraus Ladungsübertragungsprozesse erfolgen können. Für den Grundzustand des Farbstoffs wären diese energetisch nicht möglich. Erst die Lichtanregung ermöglicht die Ladungstrennung, und die zur Ladungstrennung benötigte Sonnenergie findet sich später (zumindest in Anteilen) in chemisch gespeicherter Form in den Produkten des Gesamtprozesses wieder. Die Verwendung von Molekülen, die von ChemikerInnen speziell dafür synthetisiert wurden, Licht- in chemische Energie umzuwandeln, hat neben der fast unbegrenzten Vielfalt möglicher Verbindungen weitere Vorteile [10]:

• Durch die oft sehr gut planbare Variation ihrer Strukturen lassen sich wichtige Eigenschaften wie Farbe, Löslichkeit oder Redoxpotenziale von molekularen Farbstoffen für eine Anwendung in der Künstlichen Photosynthese „maßschneidern".
• Die Lichtabsorptionseigenschaften lassen sich darüber hinaus gezielt verbessern, indem weitere Moleküle als „Antennen-System" um ein zentrales Pigment angeordnet werden.
• Komplizierte Synthesen erlauben es sogar, Farbstoffmoleküle direkt mit katalytisch aktiven Einheiten für Wasseroxidation und/oder Produktbildung zu verknüpfen und so im Idealfall einen gerichteten Elektronenfluss zu erreichen (ein Beispiel dafür zeigt Abb. 6.3).

Trotz dieser günstigen Voraussetzungen haben sich auf dem Gebiet der molekularen Farbstoffe bis heute zwei zentrale Probleme nicht zufriedenstellend lösen lassen: zum einen enthalten viele

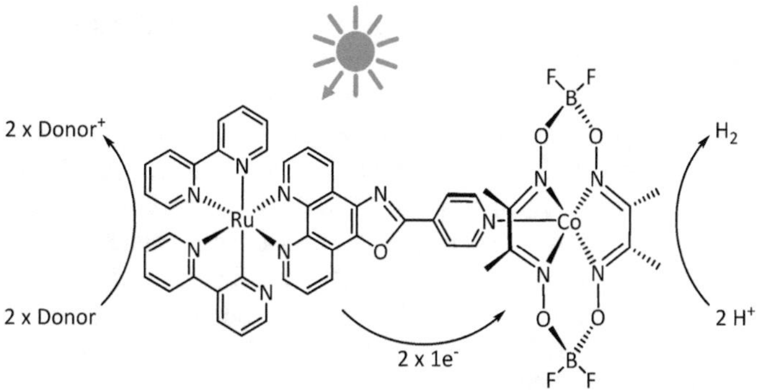

Abb. 6.3 Beispiel für ein synthetisches „Diaden-Molekül" für die Künstliche Photosynthese, bestehend aus dem wohl meistverwendeten molekularen Farbstoff für die Künstliche Photosynthese, dem Metallkomplex Ruthenium(II)-tris-bipyridin ([Ru(bpy)$_3$]$^{2+}$) und einem molekularen Cobalt-Katalysator für die Wasserstoffbildung. Bei Bestrahlung mit sichtbarem Licht in Anwesenheit eines Elektronendonors (in der Regel organische „Opferreagenzien" wie Triethylamin) kommt es wie gezeigt zur Oxidation des Donors, der Elektronenübertragung auf den Katalysator und nachfolgend zur Bildung von H$_2$ [11]

der Verbindungen mit den besten photochemischen Eigenschaften seltene und damit teure Elemente (wie z. B. Ruthenium, Abb. 6.3) und zum anderen sind die Moleküle insbesondere in wässriger Lösung nicht ausreichend stabil und werden oft schon nach wenigen Stunden Betrieb über unerwünschte Nebenreaktionen zersetzt.

Daher kommen für die Künstliche Photosynthese zunehmend auch nicht-molekulare Verbindungen für die Lichtabsorption zum Einsatz. Dabei kann auch das enorme Wissen zum derzeit wohl bekanntesten technischen Prozess zur Nutzung von Solarenergie genutzt werden: der Photovoltaik. Die meisten kommerziellen Photovoltaik-Module basieren auf halbleitenden Festkörpermaterialien (vor allem Silizium (Si) aber auch eine Reihe anderer Elemente), über die Licht absorbiert und in elektrische Energie umgewandelt werden kann. Der dabei stattfindende Initialprozess ist die Anregung eines Elektrons aus dem sog. Valenzband des Halbleiters in dessen energetisch höher liegendes Leitungsband, wobei ein leerer Platz mit positiver Ladung (ein „Loch") im Valenzband zurückbleibt. Der Energieunterschied zwischen Leitungs- und

Valenzband wird als Bandlücke des Halbleiters bezeichnet und für Silizium sind dies ca. 1,2 V. Lichtquanten (Photonen) mit einer Energie unterhalb dieser Schwellenwertspannung von 1,2 V können nicht genutzt werden. Nach der primären Ladungstrennung schließen sich weitere Prozesse an, die dazu führen, dass die tatsächlich nutzbare Spannung einer Siliziumsolarzelle bei ca. 0,55 V liegt (und damit wesentlich unter der Größe der Bandlücke).

Die Silizium-Photovoltaik (Si-PV) hat in den vergangenen Jahren weltweit eine rasante Entwicklung durchlaufen. Von den ungefähr 300 GW an PV-Kapazität zur Stromgewinnung, die weltweit im Jahr 2016 installiert wurden, entfielen über 90 Prozent auf silizium-basierte Module [12]. Dabei beruht die Dominanz der Si-PV vor allem auf drei Faktoren:

- Die Wirkungsgrade kristalliner Silizium-Solarzellen konnten durch intensive Forschungs- und Entwicklungsaktivitäten der letzten Jahrzehnte von etwa 1 Prozent auf über 25 Prozent gesteigert werden, wobei der typische Wirkungsgrad derzeit installierter Module bei etwa 16 % liegt.
- Die heutigen Module konnten technisch so weit optimiert werden, dass ihre Leistung auch über einen Zeitraum von mehr als 20 Jahren nur geringfügig abfällt.
- Als Folge der ersten zwei Punkte kostet Strom aus Si-PV-Anlagen bei günstigen Rahmenbedingungen inzwischen oft unter 0,05 €/kWh, was ihn an vielen Orten der Welt zur kostengünstigsten Elektrizitätsform überhaupt macht (also günstiger als Strom aus Kohle, Öl oder Gas) [13].

Trotzdem werden weiterhin auch Alternativen zum Halbleitermaterial Silizium im Kontext der Photovoltaik intensiv untersucht. Ein bemerkenswertes Beispiel der letzten Jahre stellen sogenannte Perowskit-Solarzellen dar, bei denen mithilfe von organisch-anorganischen Hybridmaterialien bereits wenige Jahre nach ihrer Entdeckung Wirkungsgrade von über 20 Prozent erreicht werden konnten [14]. Nachteile dieser potenziell besonders kostengünstigen Technik sind derzeit aber noch die geringe Lebensdauer der Zellen, die Giftigkeit einiger der verwendeten Komponenten und die bislang mangelnde Skalierbarkeit zu großen Anlagen („Solarkraftwerken").

Die derzeit effizientesten PV-Zellen basieren auf Heterostrukturen mehrerer hochreiner Halbleiterschichten. In Kombination mit optischen Linsen, die das Sonnenlicht auf die Solarzelle konzentrieren (sog. *concentrator photovoltaics*) konnten Wirkungsgrade von über 45 Prozent und oft Zellspannungen von >1,5 V (und damit ein Mehrfaches von Si-PV) erreicht werden [15]. Derart hocheffiziente Photovoltaik ist wegen der teuren (und meist sehr seltenen) dafür eingesetzten Materialien und Produktionsmethoden allerdings besonders kostenintensiv. Durch die Kombination mit Optiken, die das Licht fokussieren und optimal verteilen (Lichtkonzentratoren) werden zwar die Kosten für seltene Rohstoffe minimiert, aber dennoch sind derartige Rekordzellen derzeit noch nicht konkurrenzfähig.

Nicht zuletzt sind auch sogenannte „Farbstoff-Solarzellen", nach ihrem Erfinder Michael Grätzel oft auch als „Grätzel-Zellen" bezeichnet, in den letzten Jahrzehnten von reinen Forschungsobjekten im Labor bis zur Marktreife entwickelt worden [16]. In ihnen erfolgt die Lichtabsorption im Gegensatz zu den meisten Photovoltaik-Modulen nicht durch Halbleiter, sondern durch molekulare Verbindungen, was einige bereits zuvor erwähnten Vorteile mit sich bringt. Die Farbstoffe einer Grätzel-Zelle befinden sich nicht in einer Lösung, sondern werden auf preisgünstigen, halbleitenden Materialien immobilisiert (Abb. 6.4). Die auf diese Weise „kontaktierten" Pigmente injizieren dann nach Lichtanregung Elektronen in die leitende Schicht, von wo sie Richtung Verbraucher fließen. Der über einen Flüssigelektrolyten vermittelte Elektronenfluss schließt den Stromkreis der Grätzel-Zelle. Der effiziente Ladungstransport durch das gesamte System, die Langzeit-Stabilität der molekularen Farbstoffe und die geringen Energieumwandlungseffizienzen (deutlich kleiner als Si-PV) stellen allerdings weiterhin signifikante Herausforderungen dar. In den letzten Jahren konnten hier aber einige wichtige Durchbrüche erreicht werden, so dass die erkennbaren Vorteile von Farbstoff-Solarzellen, nämlich ihr günstiger Preis und die Verarbeitung in fast beliebiger Farbe und Form (auch ein starres „Gehäuse" wird nicht zwingend benötigt), dieser Technologie in Zukunft vielleicht doch noch zum kommerziellen Durchbruch verhelfen werden. Attraktiv sind dabei besonders

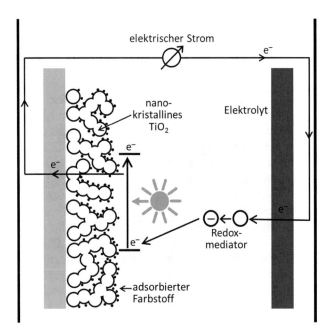

Abb. 6.4 Funktionsprinzip einer Farbstoff-Solarzelle (sog. „Grätzel-Zelle"). Die lichtgetriebene Ladungstrennung erfolgt hier durch farbige Moleküle, die auf nanostrukturierten Partikeln (meist aus Titandioxid) aufgebracht werden

Anwendungen, die mit den vergleichsweise sperrigen und schweren Siliziumphotovoltaikmodulen nicht realisiert werden können, wie zum Beispiel photovoltaische Beschichtungen von Glasflächen (Fenstern) in Gebäuden, die dadurch eine attraktive (wählbare) Farbtönung erhalten können (Abb. 2.2), oder ein Einbau in das Außenmaterial von Taschen oder Rucksäcken zur Stromversorgung mobiler Elektronik.

Trotz der fundamentalen Unterschiede der beiden geschilderten Ansätze zur Lichtabsorption und Ladungstrennung durch molekulare Farbstoffe bzw. halbleitende Festkörper können beide Routen für die Künstliche Photosynthese genutzt werden. Denn in beiden Fällen führt die Absorption von Sonnenenergie zur Erzeugung eines Zustands mit getrennten Ladungen, der nun für die chemischen Reaktionen der Wasseroxidation und der Produktbildung in einer Reduktionsreaktion genutzt werden kann. Falls dies in integrierten Systemen mit einer unmittelbaren Kopplung von einem Lichtabsorbersystem und den Katalysatoren erfolgen soll, sind allerdings weitere wichtige Rahmenbedingungen zu erfüllen:

- durch die Lichtabsorption muss eine ausreichende Potenzialdifferenz aufgebaut werden, um den angestrebten chemischen Prozess überhaupt möglich zu machen. Für z. B. die lichtgetriebene Spaltung von Wasser in H_2 und O_2 beträgt das theoretische Minimum ungefähr 1,23 Volt. Dazu addieren sich im realen Betrieb jedoch immer die Überpotenziale der jeweiligen Halbreaktionen (s. u.), so dass je nach Güte der eingesetzten Katalysatoren und der für die Wirtschaftlichkeit der Anlage nötigen Produktionsraten 1,5 bis 2,5 V benötigt werden. Ein einzelner Silizium-Absorber mit Bandlücke von ~1,2 V und einer Ausgangsspannung von deutlich weniger als 1 V kann daher die Wasserspaltung nicht antreiben und auch molekulare Systeme liefern solche Werte kaum. Daher wird wahrscheinlich eine Kombination von unterschiedlichen Absorbern zur Anwendung kommen. Ein erfolgreicher Ansatz sind sogenannte Tandem-Systeme, in denen – ähnlich zu den beiden Photosystemen der biologischen Photosynthese (Abb. 3.3 und 3.4) – die Ladungstrennungs-Prozesse zweier Absorber bzw. Farbstoffe so kombiniert werden, dass ausreichend viel Energie (bzw. Spannung) für den gesamten chemischen Prozess zur Verfügung steht und eine besonders hohe Effizienz der Solarenergienutzung erreicht werden kann (siehe Kasten 3.3).
- Die photophysikalischen Eigenschaften müssen „gut" sein. Kenngrößen hierfür sind eine intensive Farbigkeit (Absorption der Mehrzahl der Lichtquanten), hohe Wirkungsgrade bei der Ladungstrennung, eine geringe Rekombination der einmal getrennten Ladungen und ein gerichteter Ladungstransfer, bei dem unerwünschte Nebenreaktionen vermieden werden.
- Und schließlich müssen die eingesetzten Materialien eine sehr gute Lichtstabilität zeigen; sie müssen also beim technischen Einsatz (wie das Beispiel Si-PV zeigt) auch Jahre des kontinuierlichen Betriebs in intensivem Sonnenlicht ohne größere Leistungseinbußen überstehen.

6.3   Katalyse der Wasseroxidation

Die Künstliche Photosynthese unterscheidet sich von der Solarenergienutzung zur Elektrizitätsgewinnung dadurch, dass Lichtabsorption und Ladungstrennung nicht primär der Erzeugung
elektrischer Energie dienen, sondern chemische Prozesse antreiben. Diese können in der Regel nur durch den Einsatz von Katalysatoren gelingen. Die Eigenschaften der Katalysatorsysteme
sind dabei für die erreichbare energetische Effizienz des jeweiligen chemischen Schrittes von entscheidender Bedeutung
(siehe Kasten 6.1).

**Kasten 6.1 Überpotenziale und Effizienz der Katalyse am Beispiel
der Wasseroxidation**
Damit die Wasseroxidation an einer Elektrode stattfinden kann, muss das
Potenzial der Anode positiver sein als das Gleichgewichtspotenzial $E^0_{H_2O/O_2}$
von ca. +1,23 Volt (Potenzial beziehungsweise elektrische Spannung in
Bezug auf eine reversible Wasserstoffelektrode, RHE). Tatsächlich findet
aber bei diesem Wert noch keine Reaktion statt, da darüber hinaus ein
Überpotenzial (η) benötigt wird, um akzeptable Reaktionsraten beziehungsweise Stromstärken für die Wasseroxidation an der Elektrode zu erhalten. Das für eine technische Anwendung benötigte Elektrodenpotenzial
E ergibt sich also als die Summe aus dem Gleichgewichtspotenzial der jeweiligen Halbreaktion (hier der Wasseroxidation) und dem Überpotenzial
gemäß:

$$E = E^0_{H_2O/O_2} + \eta$$

Im Falle der Katalyse an Elektrodenmaterialien wird η jeweils für eine im
jeweiligen System relevante Stromdichte angegeben (zum Beispiel 10 Mil-
liampere pro cm^2). Energetisch repräsentiert das Überpotenzial η die Energie, die beim Elektronenübertragungs-Prozess an der Elektrode verloren
geht, da sie meist in Form von Wärme abgegeben wird. Die Aufgabe von
Katalysatoren beziehungsweise katalytisch aktiven Elektrodenmaterialien
ist es nun, dass für die technisch gewünschte Umsatzrate benötigte Überpotenzial so niedrig wie möglich zu halten. Dies gilt für beide Halbreaktionen
des Prozesses und daher besteht eine große Forschungs- und Entwicklungs-
aufgabe im Feld der Künstlichen Photosynthese darin, geeignete Katalysatoren sowohl für Oxidation als auch Reduktion zu entwickeln. Die Eigenschaften der Katalysatormaterialien bestimmen dabei in hohem Maße
sowohl die energetische Effizienz als auch die chemische Selektivität des
Systems.

Die Wasseroxidation stellt einen Schlüsselprozess sowohl der Künstlichen als auch der biologischen Photosynthese dar, da über sie sowohl Elektronen (e⁻) als auch Protonen (H⁺) aus dem fast unbegrenzt verfügbaren Rohstoff Wasser gewonnen werden können [17]. Als Nebenprodukt wird dabei Sauerstoff (O_2) freigesetzt. Dies geschieht gemäß folgender Reaktionsgleichung:

$$2H_2O \rightarrow 4e^- + 4H^+ + O_2$$

Bezüglich der wissenschaftlich-technologischen Herausforderungen lassen sich drei Varianten unterscheiden, die durch unterschiedliche Elektrolytlösungen charakterisiert sind, das heißt durch die Wahl der im wässrigen Reaktionsmedium gelösten Ionen.

Alkalische Wasseroxidation (hohe OH⁻-Konzentration im Elektrolyten, pH > 13) [18]
Hier können gut verfügbare, kostengünstige Metalle als Katalysatoren eingesetzt werden, deren katalytisch aktive Oberflächenschicht ein Oxid oder Hydroxid ist. Systematische Untersuchungen ergeben geringe Überpotenziale zum Beispiel für nanostrukturierte Nickel-Eisen-Mischoxide (η < 0,25 V bei 10 mA/cm²). Auch viele bereits erhältliche großtechnische Systeme basieren auf Nickelstahlblechen (in Natron- oder Kalilauge bei Temperaturen von 60 bis 80 Grad Celsius) und auch hier sind im Dauerbetrieb nur vergleichsweise geringe Überpotenziale für Stromdichten von über 500 mA/cm² nötig.

Saure Wasseroxidation (hohe H⁺-Konzentration, pH < 1)
Für die saure Wasseroxidation kommt vor allem die leistungsfähige PEM-Elektrolysetechnologie zum Einsatz, die als kompakte „Sandwich-Bauweise" von Anode, Kathode und protonenleitender Polymermembran realisiert werden kann [19]. So können bei platzsparender und robuster Bauweise außerordentlich hohe Stromdichten erreicht werden (>1 A/cm²), die außerdem im Gegensatz zum alkalischen Elektrolyseur innerhalb von Minuten hoch- und wieder heruntergefahren werden können. In Kopplung

mit Windkraftanlagen konnte dieses Konzept für die Erzeugung von Wasserstoff bereits erfolgreich erprobt werden und wird nun auch für ein zweistufiges Verfahren zur Reduktion von CO_2 getestet [20]. Im Rahmen der Künstlichen Photosynthese ist die saure Wasseroxidation insbesondere für kleinere, dezentrale Systeme zur Kopplung von Photovoltaik-Anlagen mit Brenn- oder Treibstofferzeugung von Interesse. Allerdings werden in PEM-Elektrolyseuren wegen der Auflösungstendenzen fast aller Oxide in sauren Medien bisher praktisch nur Iridium- und Rutheniumoxide als Wasseroxidations-Katalysatoren eingesetzt. Da beide sehr seltene Elemente sind, kann der Einsatz solcher Katalysatoren aber wahrscheinlich nur im Sinne einer Übergangstechnologie diskutiert werden.

Neutrale Wasseroxidation (geringe Konzentration von sowohl H^+ als auch OH^-, mittlere pH-Werte)
Die Wasseroxidation im neutralen pH-Bereich erscheint aus sicherheitstechnischen Erwägungen attraktiv (Vermeidung starker Säuren und Basen). Sie ist nach heutigem Stand außerdem essenziell für die Wasseroxidation im Zusammenspiel mit der elektrokatalytischen CO_2-Reduktion, da die CO_2-Begasung des Elektrolyten im Normalfall zu einer Hydrogencarbonat-Lösung mit einem beinahe neutralen pH-Wert führt (dicht bei pH 7). Bisher liegen jedoch bei vergleichbaren Überpotenzialen die erreichten Stromstärken meist um mehrere Größenordnungen unter denen der alkalischen oder sauren Wasseroxidation, auch bei elektrisch eigentlich gut leitenden und pH-Effekte abpuffernden Elektrolyten [17]. Die Gründe hierfür sind nur teilweise verstanden.

Technologiereife der Wasseroxidation
Prinzipiell sind keine wissenschaftlich-technologischen Durchbrüche mehr erforderlich, um die alkalische beziehungsweise saure Wasseroxidation großtechnisch an die Erzeugung von „grünem" Strom zu koppeln. Insgesamt würde damit ein System realisiert, das aus zwei technisch bereits etablierten Komponenten besteht (vgl. Kap. 7): 1) Erzeugung regenerativer Elektrizität durch Solarzellen und nachfolgende Strom-Spannungskonversion, um

„passende" Elektrolysespannungen zu generieren; 2) eine an diese Spannungsquelle angeschlossene Elektrolyseanlage, z. B. für die Spaltung von Wasser in H$_2$ und O$_2$ [3].

Trotz dieser scheinbaren „Technologiereife" gibt es aber im Bereich der elektrochemischen Wasseroxidation noch reichlich Entwicklungsbedarf: so müssen für alkalische Bedingungen leistungsfähigere Austauschmembranen für Hydroxid-Ionen (OH$^-$) entwickelt werden, um kompaktere und kostengünstigere Anlagen insbesondere für die dezentrale Treibstofferzeugung bauen zu können. Wegen der Vorteile bereits existierender PEM-Systeme ist die Entwicklung edelmetallfreier Katalysatormaterialien für die saure Wasseroxidation von hohem Interesse. Um die (Elektro-)Katalyse der CO$_2$-Reduktion im wässrigen Medium zu ermöglichen, werden weiterhin dringend effizientere Katalysatoren für die neutrale Wasseroxidation benötigt. Und schließlich kommen für die Wasseroxidation meist „geträgerte" Katalysatoren zum Einsatz, bei denen ein leitendes Substrat den elektrischen Kontakt zwischen Katalysatormaterial und lichtinduzierter Ladungstrennung vermittelt (Abb. 6.5). Dabei verwendet man sehr dünne Katalysatorfilme oder auch mikroskopisch kleine Katalysatorpartikel, die oft zwar sehr

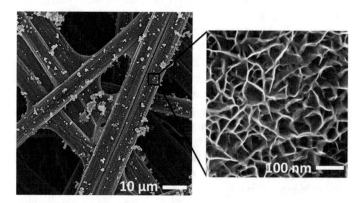

Abb. 6.5 Elektronenmikroskopische Aufnahmen eines „geträgertes" Katalysatormaterials für die Wasseroxidation: auf Kohlenstofffasern (Durchmesser ~10 µm) wurden kleinste Partikel eines katalytisch aktiven Manganoxids aufgebracht, die ihrerseits eine Nanostruktur und damit eine sehr große katalytisch aktive Oberfläche aufweisen [21]

aktiv aber nicht langzeitstabil sind. Da auch sehr langsame Korrosionsprozesse nicht vernachlässigt werden können, ist die Wahl des Katalysators und dessen Verknüpfung mit dem leitenden Substrat stets kritisch und für jede einzelne Anwendung zu optimieren.

6.4   Katalyse der Wasserstoff-Bildung

Von den Reaktionen, die es für die Produktion „solarer Brennstoffe" zu meistern gilt, zählt die Bildung von Wasserstoff zu den einfachsten. Ein Blick auf die Reaktionsgleichung zeigt, dass hierbei formal vier Elementarteilchen (zwei Protonen und zwei Elektronen) zu H_2, dem leichtesten chemischen Molekül überhaupt, kombiniert werden.

$$Bildung\ von\ H_2 \left(hydrogen\ evolution\ reaction, HER\right):$$
$$2H^+ + 2e^- + Energie \rightarrow H_2$$
$$Verbrennung\ von\ H_2:$$
$$2H_2 + O_2 \rightarrow 2H_2O + Energie$$

Mit Sauerstoff aus der Luft reagiert Wasserstoff unter Abgabe von viel Energie zu Wasser – es entsteht dabei also ein ungiftiges Abgas. Diese Verbrennungsreaktion kann als „kalte Verbrennung", d. h. ohne Flamme oder Verbrennungsmotor, in Wasserstoff-Brennstoffzellen erfolgen. Hierbei wird elektrische Energie (Strom) gewonnen, die z. B. zum Betrieb hocheffizienter Elektromotoren genutzt werden kann. Alternativ kann Wasserstoff auch ganz klassisch „heiß" verbrannt werden, z. B. zu Heizzwecken, zum Antrieb von Verbrennungsmotoren oder (wesentlich spektakulärer) in Raketentriebwerken. Die Energieumwandlung auf H_2-Basis stellt also eine weitgehend etablierte Technologie sowohl für stationäre als auch mobile Anwendungen dar. Heute wird Wasserstoff allerdings weniger als Energiespeicher, sondern vor allem für die chemische Synthese (Raffinerien, Ammoniakproduktion, organische Chemie) verwendet. Beim Einsatz von Wasserstoff sind zwei signifikante Herausforderungen zu beachten:

- *Lagerung und Transport.* Die Energiedichte von H_2-Gas ist bezogen auf das Gewicht sehr hoch, aber bezogen auf das

Volumen gering (Tab. 1.1). So werden derzeit für den Transport Gasbehälter mit hohem Druck (>200 bar) oder Pipelines mit hohen Flussraten eingesetzt, um größere H_2-Mengen (und damit größere Energieinhalte) bewegen zu können. Alternativ können Lagerung und Transport nach Verflüssigung bei tiefen Temperaturen in sogenannten Flüssiggastanks erfolgen. Druckgasbehälter, Gaspipelines und Flüssiggastanks sind für den Erdgastransport entwickelt und erprobt worden. Für das besonders kleine und reaktive H_2-Molekül entstehen jedoch zusätzliche Schwierigkeiten in Bezug auf Dichtigkeit und Langlebigkeit von Lagertanks und Gasleitungen.

- *Entflammbarkeit und Explosionsgefahr.* Kombiniert mit Luft bildet H_2-Gas ein explosionsfähiges Gemisch, ähnlich wie es auch bei Erdgas oder Benzindämpfen der Fall ist. Der Vergleich des Gefahrenpotenzials von Erdgas, Benzin oder Wasserstoff hängt von den Details der Anlagen ab. Wasserstoff ist nicht toxisch und verflüchtigt sich im Freien besonders schnell in höhere Luftschichten. Während ungewollt freigesetztes Erdgas wahrscheinlich einen wesentlichen Beitrag zum Treibhauseffekt leistet, ist Wasserstoff kein Treibhausgas. Andererseits sind Leitungsundichtigkeiten bei gasförmigen Wasserstoff schwerer zu vermeiden als bei Erdgas oder Benzin. In jedem Fall sind für den gasförmigen Energieträger Wasserstoff andere Sicherheitsauflagen zu erfüllen als für die nichtgasförmige Kohle oder nichtflüchtige Schweröle.

Trotz dieser Herausforderungen ist Wasserstoff bereits heute ein großtechnisch genutztes „Alltagsprodukt" und allein in Deutschland werden jährlich mehr als 50 Milliarden Kubikmeter H_2-Gas produziert. Allerdings erfolgt die Herstellung von Wasserstoff derzeit weltweit zu mehr als 80 Prozent aus fossilen Brennstoffen, vor allem über die Kopplung von Dampfreformierung und Wassergas-Shift-Reaktion ausgehend von Erdgas (hier formuliert für Methan, CH_4) [22]:

$$CH_4 + 2H_2O \rightarrow 4H_2 + CO_2$$

Da bei dieser Produktionsroute also pro vier H_2-Produktmoleküle auch mindestens ein Äquivalent CO_2 entsteht, ist Wasserstoff derzeit keineswegs ein „grüner" Brennstoff (obwohl manche Werbekampagne dies suggeriert).

Die Künstliche Photosynthese stellt einen alternativen Weg der Wasserstofferzeugung dar, bei der die H_2-Bildungsreaktion je nach System entweder durch molekulare Katalysatoren vermittelt wird (Abb. 6.3) oder auf der Oberfläche von Elektroden stattfinden kann. Sofern die dafür benötigte Energie aus erneuerbaren Quellen stammt, ist der so aus Wasser und unter Einsatz von Sonnenenergie erzeugte Wasserstoff wirklich „grün".

Ein seit über 150 Jahren eingesetztes Katalysatormaterial für die elektrochemische H_2-Produktion ist metallisches Platin, auf dem die H_2-Bildung sehr schnell und fast energieverlustfrei bei Überpotenzialen von η <100 mV stattfinden kann. Platin-Elektroden werden daher bis heute in kommerziell erhältlichen Elektrolyse-Systemen für die Wasserstoff-Erzeugung genutzt, besonders für Reaktionen in saurer Lösung („PEM-Elektrolyseure", Abschn. 6.3) [19, 22]. Trotz seiner hervorragenden Effizienz und Stabilität wird das Edelmetall Platin aber wohl kaum der HER-Katalysator für eine hochskalierte Produktion von „solarem Wasserstoff" unter Einsatz von Solarenergie sein können, denn dazu ist dieses Element auf der Erde zu selten und schon heute wegen seines Einsatzes in vielen anderen technischen Prozessen sehr teuer.

Seit Jahren beschäftigen sich WissenschaftlerInnen daher weltweit mit der Entwicklung von Alternativen zu herkömmlichen Platin-Katalysatoren und haben dabei beachtliche Fortschritte erzielen können: so erlaubt es z. B. die Nanotechnologie heute, statt massiver Platinelektroden fein verteilte Metallpartikel von wenigen Nanometern Größe zu präparieren und auf geeigneten Trägermaterialien zu stabilisieren. Solche Katalysatoren arbeiten zwar weiterhin auf Platinbasis, die benötigte Edelmetall-Menge kann auf diese Art aber deutlich reduziert werden [23]. In einem alternativen Ansatz orientiert man sich an biologischen Systemen: in bestimmten Organismen wird die H_2-Bildung sehr effizient durch spezielle Proteine (sogenannte Hydrogenasen) katalysiert, die Eisen- und Nickelzentren als Ort der Katalyse enthalten [24]. In Analogie konnten synthetische molekulare Katalysatoren vor allem auf Basis dieser beiden, im Vergleich zu Platin sehr günstigen Metalle, entwickelt werden. Die Reaktionsmechanismen der HER wurden hier zum Teil detailliert aufgeklärt, was wiederum eine rationale Optimierung der Katalysatormoleküle erlaubt. Als Resultat kennen wir heute edelmetallfreie Katalysatormoleküle für die HER mit sehr hohen Umsatzraten [25], die allerdings noch keine ausreichende Langzeitstabilität zeigen.

Weiterhin konnten interessante alternative Feststoffe für die H_2-Bildungskatalyse auf Basis günstiger Metalle entwickelt werden. Hier sind besonders Legierungen der Metalle Eisen, Cobalt und Nickel zu nennen, wobei letzteres wie oben erwähnt bereits heute kommerziell in alkalischen Elektrolyseuren verwendet wird. Aber auch preisgünstige ionische Verbindungen wie Molybdänsulfide erreichen inzwischen beachtliche Katalyseraten bei gleichzeitig sehr guter Materialstabilität [26]. Allerdings muss in diesen Fällen vor allem an der Reaktionsgeschwindigkeit und der Energieeffizienz (η derzeit meist >200 mV) gearbeitet werden, bevor ein technischer Einsatz solcher gut verfügbaren Platin-Alternativen möglich sein wird. Im Falle der Katalyse durch „MoS_x" sind aber auch noch ganz grundlegende Fragen zu klären: so gibt es z. B. Hinweise dafür, dass die H_2-Bildung bei diesem Material nicht wie vielleicht zu vermuten metallvermittelt stattfindet, sondern stattdessen an den Schwefelanionen (S^{2-} bzw. S_2^{2-}) erfolgt (Abb. 6.6). Ob dieser Reaktionsmechanismus stimmt, ist keineswegs abschließend geklärt – für das gezielte Design verbesserter MoS_x-Katalysatoren wäre es aber natürlich eine sehr wichtige Information.

Insgesamt stellt Wasserstoff also sicher ein interessantes Zielmolekül für die Künstliche Photosynthese dar und in Industrieländern wie Deutschland besteht ein großer Bedarf (und damit ein Markt) für H_2 in der chemischen Industrie. Darüber hinaus sind bereits heute etablierte Technologien sowohl zur elektrolytischen Gewinnung als auch zur energetischen Nutzung von Wasserstoff vorhanden. Für die Erzeugung großer Mengen von „solarem Wasserstoff" durch die Künstliche Photosynthese sind noch einige Herausforderungen zu meistern, so der bereits bei der Wasseroxidation erwähnte Betrieb von Elektrolyse-Zellen mit in ihrer Leistung schwankenden, solaren Stromquellen auch sind weitere

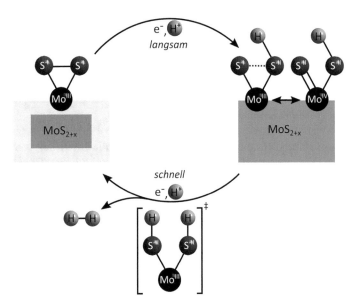

Abb. 6.6 Einer von mehreren derzeit diskutierten Reaktionsmechanismen für die Wasserstoffbildung auf Molybdänsulfiden (MoS_x). Falls korrekt, würde die H_2-Bildung auf MoS_x „schwefelvermittelt" stattfinden – mit interessanten Konsequenzen für die Synthese verbesserter Katalysatormaterialien. Schema modifiziert nach [27]

Verbesserungen der molekularen oder Festkörper-Katalysatoren erforderlich, um besonders die bereits bekannten edelmetallfreien Verbindungen noch effizienter, haltbarer und reaktionsfreudiger zu machen.

6.5   Katalyse der Kohlendioxid-Reduktion

Die bisher beschriebenen chemischen Teilprozesse der Wasser-oxidation und der Protonenreduktion ermöglichen in Kombination die Bildung von Wasserstoff (H_2) – des einfachsten chemischen Energieträgers. Hierbei sind die Selektivitäten sehr gut und Reaktoren für die Wasserspaltung lassen sich so betreiben, dass lediglich die gewünschten Produkte O_2 und H_2 gebildet werden. Der so gewonnene Wasserstoff kann in Motoren, Generatoren oder Heizanlagen verbrannt oder in Brennstoffzellen direkt zur Elektrizitätserzeugung eingesetzt werden. Die lichtgetriebene Wasserstoffbildung wird daher im Allgemeinen ins Feld der Künstlichen Photosynthese eingeordnet, da mit Hilfe von Sonnenlicht ein speicher- und transportierbarer Brenn- und Wertstoff produziert wird.

Wie in Abschn. 2.1 ausführlich beschrieben wurde, zeichnen sich Photosynthese und Zellatmung in der Biosphäre durch Reaktionen aus, an denen Kohlendioxid (CO_2) entweder als Rohstoff oder als Endprodukt beteiligt ist. Auch ein großer Bereich der Künstlichen Photosynthese beschäftigt sich ganz analog dazu mit der Synthese von Brenn- und Wertstoffen aus CO_2 unter Einsatz solarer Energie. Ein Vorteil dieses Ansatzes ist die Tatsache, dass einige der kohlenstoffhaltigen Produkte solcher Prozesse wie z. B. Methan (CH_4), Ethanol (C_2H_5OH) oder Dimethylether (CH_3OCH_3, DME) in der Regel einfacher zu transportieren, zu speichern und zu nutzen sind als das sehr reaktive und diffusionsfreudige Gas H_2. Es ist daher zu erwarten, dass in zukünftigen Systemen der Künstlichen Photosynthese die Gewinnung nicht-fossiler Brenn- und Wertstoffe aus Wasser und CO_2 noch an Bedeutung gewinnen wird.

Dabei kann die Reduktion von CO_2 allgemein über zwei verschiedene Routen erfolgen, die im Folgenden genauer beschrieben werden [28, 29]: *1)* direkte Übertragung von Elektronen und Protonen auf gasförmiges oder in einem Elektrolyten gelöstes Kohlendioxid; *2)* chemische Reduktion von CO_2 auf indirektem Wege, zum Beispiel über die bereits technisch etablierte Gasphasen-Reaktion von Kohlendioxid mit H_2-Gas zu Methan oder die Addition von CO_2 an größere kohlenstoffhaltige Verbindungen, z. B. zur Herstellung von Polymer-Materialien.

1) Direkte elektrokatalytische CO_2-Reduktion

Ein typisches System hierfür enthält eine wasseroxidierende Katalysatorelektrode (Abschn. 6.3) sowie eine Elektrode zur CO_2-Reduktion. Der Ausgangsstoff CO_2 muss dabei gezielt zugeführt werden. Hierzu wird eine (meist wässrige) Lösung in der Umgebung der Reduktionselektrode mit CO_2 angereichert, typischerweise indem das CO_2 in gasförmiger Form in die Lösung gepresst wird.

In der Lösung finden dann Reaktionen statt, die allgemein durch die folgende Gleichung beschrieben werden können:

$$i\text{CO}_2 + j\text{H}^+ + j\left\{\text{e}^-\right\} \rightarrow \text{C}_i\text{H}_x\text{O}_y + k\text{H}_2\text{O}$$

Während in der biologischen Photosynthese vor allem Zuckermoleküle gebildet werden, die sechs Kohlenstoffatome enthalten (zum Beispiel Glukose, Summenformel: $\text{C}_6\text{H}_{12}\text{O}_6$), sind es bei der direkten elektrokatalytischen CO_2 -Reduktion bisher in erster Linie Produkte mit nur einem oder zwei Kohlenstoffatomen (also gemäß der biologischen Nomenklatur „C1"- beziehungsweise „C2-Produkte", Abschn. 3.2.2). Besonders häufige C1-Produkte sind die Gase Methan (Hauptbestandteil von Erdgas, CH_4) und Kohlenmonoxid (CO) sowie in geringerem Umfang die Flüssigkeiten Ameisensäure (HCOOH, auch als Formiat, HCOO^-) und Methanol (CH_3OH). Besonders häufige C2-Produkte sind das Gas Ethylen (C_2H_4) sowie die Flüssigkeit Ethanol ($\text{C}_2\text{H}_5\text{OH}$). Als weiteres, hier jedoch nicht erwünschtes Nebenprodukt tritt bei der Reduktion von CO_2 in wässriger Lösung in praktisch allen Fällen Wasserstoff (H_2) auf.

Im Normalfall dominieren zwei bis fünf Reaktionsprodukte das Spektrum der gebildeten Produkte. Welche Stoffe konkret gebildet werden, hängt aber sehr stark vom Katalysatormaterial sowie vom Überpotenzial ab. Eine wichtige Ursache für die geringe Spezifität der elektrokatalytische CO_2-Reduktion ist die Tatsache, dass die elektrochemischen Potenziale, die für die Bildung von Wasserstoff sowie der verschiedenen kohlenstoffhaltigen Reaktionsprodukte benötigt werden, sich sehr ähnlich sind (Abb. 6.7).

Eine hohe CO-Spezifität von >80 % wurde zum Beispiel für auf Silber basierenden Katalysatorelektroden erhalten, wobei das Produktverhältnis zwischen CO und dem dabei ebenfalls gebildeten H_2 über das Überpotenzial kontrollierbar ist [31]. Bei richtiger Wahl der Bedingungen kann mit einem solchen Elektrolyseur gezielt sogenanntes Synthesegas (H_2/CO-Gemische im Verhältnis 1-3H_2: 1 CO) gewonnen werden. Aus Synthesegas sind dann z. B. das C1-Produkt Methan (Sabatier-Prozess) oder auch C > 5-Brenn- und Wertstoffe (Fischer-Tropsch-Verfahren) jeweils über seit langem bekannte und optimierte Katalyseverfahren zugänglich. Alternativ kann Methan auch direkt mit ~80 % Selektivität

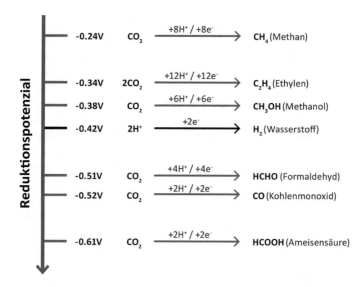

Abb. 6.7 Reduktionspotenziale für wichtige Reaktionsprodukte der Reduktion von CO_2 in Wasser bei neutralem pH-Wert (Potentiale versus Normal-Wasserstoffelektrode) [30]. Damit die jeweiligen Reaktionen tatsächlich mit hohen Raten (Stromdichten) ablaufen, müssen bei den derzeit bekannten Elektrokatalysatoren allerdings generell wesentlich negativere Elektrodenpotenziale (also hohe Überpotenziale) angelegt werden. Sämtliche Potenziale der gezeigten elektrokatalytischen CO_2-Reduktionen liegen weiterhin in der Nähe des Gleichgewichtspotenzials der H_2-Bildung, weshalb neben den gewünschten, kohlenstoffhaltigen Produkten in der Regel auch signifikante Mengen H_2 entstehen

aus der elektrochemischen CO_2-Reduktion an kupferhaltigen Elektroden gewonnen werden [32].

Die Nutzung anderer Elektroden ermöglicht die Bildung der C2-Produkte Ethylen (C_2H_4) und Ethanol. Allerdings sind diese Reaktionen mit den derzeit bekannten Katalysatoren wesentlich weniger selektiv, so dass z. B. der Anteil des Ethylens im Produktgemisch kaum mehr als 30 Prozent erreicht. Da die alternative Gewinnung von Ethylen aus fossilen Rohstoffen aber ebenfalls schwierig ist und Ethylen wegen seines Einsatzes als Rohstoff (z. B. für die Polymerindustrie) vergleichsweise hohe Marktpreise erzielt, stellt diese Route trotzdem ein für die Künstliche Photosynthese lohnendes Ziel dar (s. Kap. 7).

Reaktionen, bei denen CO_2 direkt elektrochemisch reduziert wird, sind also sowohl für die unmittelbare Bildung von Brenn- und Wertstoffen als auch für die Produktion von Synthesegas von hohem Interesse. Der Übergang zu technologisch relevanten Systemen wird hier aber wohl noch einige Zeit erfordern, denn im Gegensatz zur Produktion von Wasserstoff sind noch grundlegende Forschungs- und Entwicklungsarbeiten erforderlich. Wichtige Herausforderungen bestehen dabei vor allem in der Entwicklung besserer Katalysatoren, denn sowohl die benötigten hohen Überpotenziale (und die damit bedingte schlechte Energie-Effizienz von meist <50 %) als auch die geringen Produktspezifitäten heutiger Elektrodenmaterialien sind für einen technischen Einsatz zumeist unzureichend [32]. Hier ist auch wiederum die Grundlagenforschung gefragt, denn über die katalytischen Mechanismen der komplizierten Reaktionen zur Reduktion von CO_2 (pro Formelumsatz sind bis zu 12 e^-/12H^+ beteiligt, Abb. 6.7) ist bisher vergleichsweise wenig bekannt, was die Arbeiten in diesem Feld zusätzlich erschwert. Darüber hinaus wird in den meisten Verfahren bisher reines CO_2-Gas oder zumindest CO_2-reiches Abgas (z. B. aus der Zementindustrie) eingesetzt. Langfristig muss es aber das Ziel sein, in der Künstlichen Photosynthese vom „verdünnten" CO_2 der Atmosphäre auszugehen (siehe folgender Abschnitt).

2) Chemische CO_2-Reduktion/CO_2 als Rohstoff

Seit ungefähr 100 Jahren wird CO_2 als Ausgangsmaterial für die Herstellung von Harnstoff (CH_4N_2O) über ein von Carl Bosch und Wilhelm Meiser bei der Firma BASF entwickeltes Hochdruckverfahren genutzt (Abb. 6.8). Diese Verbindung ist vor allem ein wichtiges Düngemittel, von dem weltweit ca. 200 Millionen Tonnen über die Reaktion von CO_2 mit NH_3 produziert werden [22]. Ebenfalls bereits heute etabliert sind die bereits erwähnten Umsetzungen von CO_2 mit H_2 zur Produktion von Methan oder Methanol, sowie Anwendungen im Kunststoffbereich (vor allem für die Synthese von Polycarbonaten). Weitere großtechnisch wichtige Verfahren gibt es jedoch bisher nicht, was vor allem auf die thermodynamische Stabilität von CO_2 und dem daraus resultierenden hohen energetischen Aufwand zurückzuführen ist.

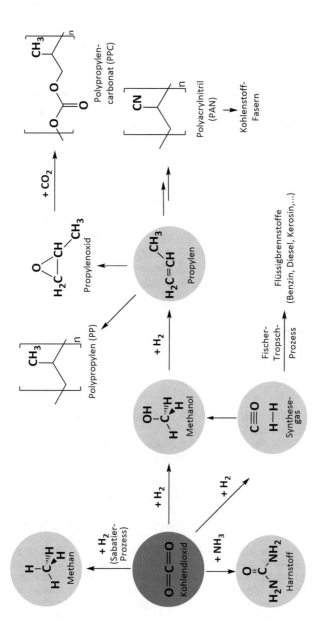

Abb. 6.8 Chemische Verwertung von CO_2 als Kohlenstoffquelle für die Produktion verschiedener Brenn- und Wertstoffe. (Quelle: [9])

Als sichere und erneuerbare Kohlenstoffquelle ist Kohlendioxid ein interessanter C1-Baustein für die Herstellung von Energieträgern und Wertstoffen. Eine zentrale, noch weitgehend ungelöste Herausforderung für die Nutzung von Kohlendioxid in großem Maßstab ist dabei aber die kostengünstige und energieeffiziente Bereitstellung des Rohstoffs CO_2. Diese kann grundsätzlich aus Verbrennungs- beziehungsweise Industrieabgasen (die typischerweise 5 bis 15 Prozent CO_2 enthalten) oder aus der Umgebungsluft (~0,04 % CO_2) erfolgen, wobei der letztgenannte Prozess des „Direct Air Capture" (DAC) wegen der ca. 300-mal geringeren CO_2-Konzentration in der Umgebungsluft deutlich aufwendiger ist (Kasten 6.2) [33, 34].

Für die großskalige Bildung kohlenstoffbasierter Brenn- und Wertstoffe in der Künstlichen Photosynthese kann die Nutzung von hoch konzentriertem CO_2 aus Abgasen aber nur eine Übergangs- beziehungsweise Einstiegstechnologie sein – langfristig sind daher (vor allem mit Blick auf das Ziel der CO_2-Neutralität) geeignete DAC-Verfahren unbedingt erforderlich. Diese Situation ist mit derjenigen von CCS-Verfahren (Carbon Capture and Storage) prinzipiell verwandt. Anders als dort würde das CO_2 bei der Künstlichen Photosynthese aber als Rohstoff genutzt, so dass diese lichtgetriebenen Systeme unter den Begriff CCU (Carbon Capture and Utilization) fallen.

Kasten 6.2 Die Nutzung von CO_2 aus der Luft erfordert Energie – oder neue Ideen [35]!

Das theoretische (thermodynamische) Minimum des Energieaufwands für die Anreicherung von CO_2 aus der Umgebungsluft beträgt ca. 20 kJ/mol (126 kWh je Tonne CO_2). Wenn dieses CO_2 beispielsweise in Methanol umgewandelt wird, können damit 726 kJ/mol (Verbrennungsenthalpie) an Energie gespeichert werden (4580 kWh je Tonne fixiertes CO_2), so dass die CO_2-Anreicherung einem Energieaufwand von 2,75 Prozent der gespeicherten Energie entspräche. In realen technischen Systemen zur CO_2-Anreicherung vor dem Schritt der CO_2-Umwandlung in Methanol könnte die benötigte Energie zur Anreicherung zum Beispiel um das Fünffache erhöht sein, was den Energieaufwand auf 14 Prozent der chemisch gespeicherten Energie erhöhen würde.

Die Entwicklung verbesserter chemischer Techniken zu CO_2-Anreicherung ist daher ein sehr aktives Forschungsgebiet. Unter anderem im Rahmen von Firmenneugründungen konnten erste Testanlagen bereits erfolgreich betrieben werden, so dass die prinzipielle technologische Realisierbarkeit als gesichert gelten kann. Die Kosten zukünftiger Systeme (inklusive Investitions- und Kapitalkosten) könnten je Tonne konzentriertes CO_2 bei 80 bis 200 Euro liegen, dies ist aber derzeit kaum zuverlässig abschätzbar – aktuelle Schätzungen variieren innerhalb einer Spannweite von 25–1000 Euro je Tonne CO_2 sehr stark.

Im Gegensatz zu diesen technischen Problemen zeigt ein Blick auf die biologische Photosynthese, dass die CO_2-Umwandlung auch ohne vorhergehende Anreicherung sehr selektiv geschehen kann. Die erfolgreiche Entwicklung künstlicher Systeme, die den Schritt der CO_2-Anreicherung umgehen und (wie das biologischen System) dazu in der Lage sind, CO_2 direkt aus der Luft katalytisch umzusetzen, wäre also ein wichtiges, aber sicher noch wissenschaftliche Durchbrüche erforderndes Ziel. Entsprechende „high risk - high gain" Forschung wird derzeit aber nur in sehr geringem Umfang verfolgt.

6.6 Katalyse der Ammoniak-Synthese

Ammoniak (NH_3) ist eine sehr wichtige Basischemikalie und wird auch als Energieträger diskutiert. Derzeit sind ammoniakhaltige Verbindungen besonders als Düngemittel in der Landwirtschaft bekannt. Zusätzlich gehen aber nahezu alle industriellen Prozesse, die zu stickstoffhaltigen Verbindungen führen, von Ammoniak aus (zum Beispiel die Produktion von Salpetersäure, aber auch die des Polymers Nylon). Daher ist eine gute Verfügbarkeit dieser Verbindung für die Menschheit heutzutage sehr wichtig. Zukunftsszenarien gehen aber noch weiter und sehen in NH_3 oder auch in Ammoniak-Derivaten wie Hydrazin (N_2H_4) oder Aminboran (H_3BNH_3) interessante kohlenstofffreie, molekulare Wasserstoffspeicher bzw. Treibstoffe mit hohen Energiedichten [36].

Die technische Herstellung von Ammoniak (Welt-Jahresproduktion rund 200 Millionen Tonnen) erfolgt heute kommerziell fast ausschließlich auf Basis fossiler Rohstoffe (vor allem Erdgas) über das kurz vor dem 1. Weltkrieg bei der Firma BASF entwickelte Haber-Bosch-Verfahren, das seitdem weltweit in industriellen Großanlagen durchgeführt wird [22]. Der zweite Rohstoff für die Ammoniaksynthese ist Luft, die zu 80 Prozent aus molekularem Stickstoff (N_2) besteht. Stickstoff ist also wesentlich besser verfügbar als CO_2, gleichzeitig ist N_2 aber auch eines der reaktionsträgsten Moleküle überhaupt. Daher sind für die direkte Umsetzung mit H_2 zu NH_3 im Haber-Bosch-Prozess hohe Temperaturen und Drücke notwendig, was einen enormen

Energieverbrauch des Prozesses zur Folge hat. Als Folge wird die industrielle Ammoniak-Produktion für ein bis zwei Prozent der weltweiten CO_2-Emissionen verantwortlich gemacht. Die Entwicklung alternativer Verfahren zur nachhaltigen Produktion von Ammoniak ist daher ebenfalls eine wichtige technologische Herausforderung.

Die Synthese von „grünem" Ammoniak könnte zum einen über die Umsetzung von nachhaltig erzeugtem Wasserstoff (zum Beispiel aus der Künstlichen Photosynthese) mit N_2 aus der Luft in klassischen Haber-Bosch-Anlagen erfolgen [37]. Zu lösen wäre dafür aber noch das Problem, hochreinen Stickstoff zu gewinnen. Im Haber-Bosch-Prozess fällt dieser als „Nebenprodukt" der vorgeschalteten Dampfreformierung von Erdgas mit Luft (über die man den Wasserstoff für den Prozess gewinnt) automatisch an. Reiner Stickstoff wird dagegen derzeit per Luftverflüssigung (Linde-Verfahren) gewonnen, das seinerseits sehr viel Energie erfordert.

Einen weniger energieintensiven Weg zur Gewinnung von NH_3 könnten wie im Fall von CO_2 Prozesse eröffnen, bei denen N_2 direkt elektrochemisch reduziert wird [38]. Theoretisch haben diese das Potenzial, den Energieverbrauch bei der Ammoniak-Produktion um rund 20 Prozent zu senken sowie die hohen Kosten der Hochdruck-Syntheseanlagen zu umgehen. Sowohl molekulare als auch heterogene Katalysatoren für die elektrochemische Reduktion von N_2 in Lösung befinden sich derzeit aber noch in sehr frühen Stadien der Entwicklung. Die Produktion des Wert- und Brennstoffs Ammoniak ist daher ein noch kaum entwickelter Zweig der Künstlichen Photosynthese. Angesichts des hohen Potenzials zur CO_2-Einsparung und seiner auf absehbare Zeit großen Bedeutung für die Ernährung der Menschheit sollte er als möglicher Zielprozess der Umwandlung von Solarenergie keinesfalls vergessen werden.

6.7   Fazit: Einige Schlüsselprozesse sind bereits einsatzbereit

Heute existieren für alle Teilprozesse der Künstlichen Photosynthese funktionale Moleküle, Materialien oder Bauteile. Vor allem in die Felder Lichtabsorption, Ladungstrennung, Wasseroxidation und Wasserstoffbildung sind bereits Jahrzehnte an Arbeit investiert worden, so dass diese Komponenten schon einen hohen Entwicklungsstand erreicht haben. Es ist allerdings auffällig, dass genauere Untersuchungen zum Aufbau und Betrieb kompletter Apparate bisher kaum erfolgt sind und die wenigen bekannten Beispiele allenfalls Prototypen darstellen (Kap. 7). Beim Betrieb eines kompletten Systems sind höchst wahrscheinlich ganz neue Herausforderungen zu meistern (Trennung der Produkte H_2 und O_2, Wahl des Elektrolyten, Wahl der Elektrodengeometrien, Kopplung von Ladungstrennung und Katalyse, Vergiftung von Katalysatoren durch Bestandteile des Gesamtsystems etc.).

Im Gegensatz zur Erzeugung von „solarem Wasserstoff" wären bei der Produktion von kohlenstoff- und stickstoffbasierten Brenn- und Wertstoffen noch echte Durchbrüche vor allem bei der Entwicklung der Katalysatoren vonnöten, um die gewünschten Produkte selektiv und energieeffizient gewinnen zu können. Bei der Reduktion von Kohlendioxid könnten sich dabei wie in Abb. 6.8 angedeutet stufenweise Prozesse bewähren, bei denen die Vielfalt der gewünschten Produkte nicht direkt aus CO_2 sondern über Zwischenprodukte wie Methanol oder Kohlenmonoxid erreicht wird. Alternativ könnte die sehr gute Selektivität bestimmter Organismen bei der CO_2-Reduktion genutzt werden, wie es z. B. in sogenannten Hybridsystemen (Kap. 7) erfolgt.

Literatur

1. Balzani, V., et al.: Solar energy conversion by water photodissociation: Transition metal complexes can provide low-energy cyclic systems for catalytic photodissociation of water. Science. **189**, 852 (1975)
2. Grätzel, M.: Artificial photosynthesis: Water cleavage into hydrogen and oxygen by visible light. Acc. Chem. Res. **14**, 376 (1981)
3. Armaroli, N./Balzani, V.: Solar electricity and solar fuels: status and perspectives in the context of the energy transition, Chem. Eur. J. **22**, 32 (2016)
4. European Association of Chemical and Molecular Sciences (EuCheMS): Solar-Driven Chemistry. A vision for sustainable chemistry production, 2016. www.euchems.eu/wp-content/uploads/2016/10/161012-Solar-Driven-Chemistry.pdf. Zugegriffen am 12.06.2018
5. Faunce, T., et al.: Artificial photosynthesis as a frontier technology for energy sustainability. Energy Environ. Sci. **6**, 1074 (2013)

6. Generaldirektion Forschung und Innovation (Europäische Kommission): Artificial photosynthesis: Potential and reality, 2016. https://publications. europa.eu/de/publication-detail/-/publication/96af5cc3-2bd6-11e7-9412-01aa75ed71a1. Zugegriffen am 12.06.2018

7. Nocera, D.: Personalized energy: The home as a solar power station and solar gas station. ChemSusChem. **2**, 387 (2009)

8. The Royal Society of Chemistry: Solar Fuels and Artificial Photosynthesis. Science and innovation to change our future energy options, 2012. http://www.rsc.org/globalassets/04-campaigning-outreach/policy/research-policy/global-challenges/solar-fuels-2012.pdf. Zugegriffen am 12.06.2018

9. acatech – Deutsche Akademie der Technikwissenschaften, Nationale Akademie der Wissenschaften Leopoldina, Union der deutschen Akademien der Wissenschaften (Hrsg.): Künstliche Photosynthese. Forschungsstand, wissenschaftlich-technische Herausforderungen und Perspektiven. acatech, München (2018)

10. Balzani, V., Credi, A., Venturi, M.: Photochemical conversion of solar energy. ChemSusChem. **1**, 26 (2008)

11. Fiehri, A., et al.: Cobaloxime-based photocatalytic devices for hydrogen production. Angew. Chem. **120**, 574 (2008)

12. www.ren21.net. Zugegriffen am 12.06.2018

13. www.energy-charts.de. Zugegriffen am 12.06.2018

14. Green, M.A., Ho-Baillie, A., Snaith, H.J.: The emergence of perovskite solar cells. Nat. Photonics. **8**, 506 (2014)

15. Fraunhofer Institut für Solare Energiesysteme, Photovoltaics report, 2018. https://www.ise.fraunhofer.de/en/publications/studies/photovoltaics-report.html. Zugegriffen am 12.06.2018

16. Hagfeldt, A., et al.: Dye-sensitized solar cells. Chem. Rev. **110**, 6595 (2010)

17. Dau, H., et al.: The mechanism of water oxidation: from electrolysis via homogeneous to biological catalysis. ChemCatChem. **2**, 724 (2010)

18. Zeng, K., Zhang, D.: Recent progress in alkaline water electrolysis for hydrogen production and applications. Prog. Energy Combust. Sci. **36**, 307 (2010)

19. Carmo, M., et al.: A comprehensive review on PEM water electrolysis. Int. J. Hydrog. Energy. **38**, 4901 (2013)

20. www.powertogas.info/power-to-gas/pilotprojekte-im-ueberblick/wind-gas-falkenhagen/. Zugegriffen am 12.06.2018

21. Melder, J., et al.: Electrocatalytic water oxidation by MnO_x/C: In situ catalyst formation, carbon substrate variations, and direct O_2/CO_2 monitoring by membrane-inlet mass spectrometry. ChemSusChem. **10**, 4491 (2017)

22. Bertau, M., et al.: Industrielle Anorganische Chemie. Wiley-VCH, Weinheim (2013)

23. Kemppainen, E., et al.: Scalability and feasibility of photoelectrochemical H_2 evolution: The ultimate limit of Pt nanoparticle as an HER catalyst. Energy Environ. Sci. **8**, 2991 (2015)

24. Lubitz, W., et al.: Hydrogenases. Chem. Rev. **114**, 4081 (2014)

25. Helm, M.L.: A synthetic nickel electrocatalyst with a turnover frequency above 100,000 s^{-1} for H$_2$ production. Science. **333**, 863 (2011)

26. Bora, S., et al.: Monolayer-precision synthesis of molybdenum sulfde nanoparticles and their nanoscale size effects in the hydrogen evolution reaction. ACS Nano. **9**, 3728 (2015)

27. Grutza, M.-L., et al.: Hydrogen evolution catalysis by molybdenum sulfides (MoS$_x$): are thiomolybdate clusters like [Mo$_3$S$_{13}$]$^{2-}$ suitable active site models? Sustain. Energy Fuel. **2**, 1893 (2018)

28. Bar-Even, A., et al.: Design and analysis of synthetic carbon fixation pathways. Proc. Natl. Acad. Sci. U.S.A. **107**, 8889 (2010)

29. Klankermayer, J., et al.: Selektive katalytische Synthesen mit Kohlendioxid und Wasserstoff: Katalyse-Schach an der Nahtstelle zwischen Energie und Chemie. Angew. Chem. **128**, 7416 (2016)

30. Bard, A.J., Parsons, R.J., Jordan, J.: Standard Potentials in Aqueous Solution. CRC Press, New York (1985)

31. Hatsukade, T., et al.: Insights into the electrocatalytic reduction of CO$_2$ on metallic silver surfaces. Phys. Chem. Chem. Phys. **16**, 13814 (2014)

32. Zhu, D., Liu, J., Qiao, S.: Recent advances in inorganic heterogeneous electrocatalysts for reduction of carbon dioxide. Adv. Mater. **28**, 3428 (2016)

33. Sanz-Pérez, E., et al.: Direct capture of CO$_2$ from ambient air. Chem. Rev. **116**, 11840 (2016)

34. Keith, D.W., et al.: A process for capturing CO$_2$ from the atmosphere. Joule. **2**, 1573 (2018)

35. Fischedick, M., Görner, K., Thomeczek, M. (Hrsg.): CO$_2$: Abtrennung, Speicherung, Nutzung. Ganzheitliche Bewertung im Bereich von Energiewirtschaft und Industrie. Springer, Heidelberg (2015)

36. Müller, K., et al.: Amine borane based hydrogen carriers: an evaluation. Energy Fuel. **26**, 3691 (2012)

37. Wang, L., et al.: Greening ammonia toward the solar ammonia refinery. Joule. **2**, 1055 (2018)

38. Giddey, S./Badwal, S. P. S./Kulkarni, A.: Review of electrochemical ammonia production technologies and materials, Int. J. Hydrog. Energy **38**, 14576 (2013)

Vom Künstlichen Blatt zum Energiesystem: Die technische Umsetzung

7

Im vorherigen Kap. 6 wurde der heutige Entwicklungsstand bei Teilprozessen der Künstlichen Photosynthese (Lichtabsorption, Ladungstrennung, Stoffumwandlung) ausführlich vorgestellt. Diese Analyse kam zu dem Schluss, dass vielversprechende Einzelkomponenten für viele Reaktionsschritte bereits heute existieren (trotz im Detail sicher reichlich gegebenem Optimierungsbedarf). Folglich stellt sich nun die Frage, ob es auch bereits funktionelle Einheiten oder vielleicht sogar wirtschaftlich verwertbare Apparate bzw. Systeme für die Künstliche Photosynthese gibt oder wann man diese erwarten kann. Denn wie im Abschn. 5.3 erläutert, ist ja gerade der Betrieb vollständig integrierter Anlagen ein zentraler Unterschied der Künstlichen Photosynthese im Vergleich z. B. zum Power-to-X-Konzept. Weiterhin muss es im Kontext nationaler oder sogar globaler Energiesysteme möglich sein, sehr große oder sehr viele solcher Anlagen zu bauen und langfristig zu betreiben. Die Akademien schreiben hierzu in ihrer Stellungnahme: „Derartige Systeme müssen für eine Anwendung schließlich auf die Größe von Quadratkilometern (Lichteinfangfläche) und Gigawatt (Leistung) skaliert werden [...]. Zusätzlich sollten die Apparate eine Lebensdauer von mindestens zehn Jahren haben, damit sich die anfangs notwendigen Investitionen an Energie und Kapital tatsächlich lohnen." Anlagen mit diesen Eigenschaften, so lässt sich für heute feststellen, „gibt es bislang noch nicht", wohl aber Demonstratoren verschiedener Forschergruppen auf einer kleineren Skala [1].

© Springer-Verlag GmbH Deutschland, ein Teil von Springer Nature 2019
H. Dau et al., *Künstliche Photosynthese*, Technik im Fokus,
https://doi.org/10.1007/978-3-662-55718-1_7

Im Gegensatz zur z. T. bereits seit Jahrzehnten stattfinden den Entwicklung und Optimierung der Teilkomponenten, ist die darauf aufbauende Konstruktion kompletter Apparate für die Künstliche Photosynthese ein sehr junges, aktuell aber sehr aktives Forschungsfeld. Ein vollständiger Überblick und vor allem eine abschließende Bewertung zum Thema „Apparatebau" sind derzeit noch nicht möglich. Im Folgenden werden stattdessen ausgewählte Beispiele vorgestellt, die zeigen sollen, welch vielfältige Möglichkeiten heute sondiert werden. Dabei führt der Überblick von sehr kleinen über immer größere – und damit auch technologisch immer komplexeren – Systeme bis hin zur möglichen Rolle „solarer Raffinerien" im globalen Energiesystem [2].

Ausgangspunkt der in diesem Kapitel vorgestellten Beispiele für Photosynthese-Apparate sind einfache „Eintopf-Systeme", bei denen photokatalytisch aktive Teilchen in Wasser suspendiert werden. In „Künstlichen Blättern" bilden solche photokatalytischen Einheiten bereits größere Bauteile in Form gefärbter Plättchen, die dem Blatt eines Laubbaums ähneln. Noch größer sind klassische Photovoltaikmodule, die über kurze Stromleitungen mit Elektrolyse-Zellen verbunden sind. Zuletzt werden Systeme vorgestellt, bei denen die elektrochemische Brennstoffproduktion durch (erneuerbaren) Strom aus dem Stromnetz angetrieben wird, inklusive aktueller Beispiele für elektrochemisch-biologische Hybridsysteme.

7.1   Photokatalyse auf Halbleiterpartikeln

Im vorhergehenden Kap. 6 wurden Lichtabsorption und Elektrochemie als getrennte Prozesse betrachtet. Sie können aber auch kombiniert werden, indem die elektrochemische Reaktion direkt auf der Oberfläche des lichtabsorbierenden Halbleiters erfolgt. Falls sich solche photokatalytisch aktiven Partikel oder Oberflächen in einer (meist wässrigen) Lösung befinden, entstehen Halbleiter-Elektrolyt-Grenzflächen, an denen Wasseroxidation bzw. Produktbildung stattfinden können.

Das wohl berühmteste System dieser Art stammt aus dem Jahr 1972. Die japanischen Wissenschaftler Akira Fujishima und Kenichi Honda untersuchten Nanopartikel aus Titandioxid (TiO_2), einem sehr günstigen Weißpigment und Bestandteil vieler Wandfarben, in wässriger Lösung und beobachteten bei der Bestrahlung mit Licht die Bildung von H_2 und O_2 als Produkte der lichtgetriebenen Wasserspaltung [3]. Zwar ist die Photokatalyse durch dieses verblüffend einfache und günstige Verfahren sehr stabil, aber leider äußerst ineffizient. Dies liegt unter anderem daran, dass TiO_2 als Folge seiner großen Bandlück (Abschn. 6.2) nur den UV-Anteil des solaren Spektrums absorbiert und daher lediglich ein sehr kleiner Teil der solaren Energie für die Wasserstoffproduktion genutzt werden kann. Zusätzlich besitzen TiO_2-Oberflächen weder günstige Eigenschaften für die Katalyse der Wasseroxidation noch der Protonenreduktion. Und schließlich findet in einem solchen „Eintopf-Reaktor" keine Trennung der Produkte statt, so dass an den Halbleiteroberflächen auch die unerwünschte Rückreaktion von H_2 und O_2 zu Wasser stattfinden kann, was die Produktausbeute natürlich nochmals signifikant erniedrigt.

In den letzten Jahrzehnten wurden daher alternative, in Wasser stabile Halbleiterverbindungen mit kleineren Bandlücken für eine bessere Solarenergieausbeute des sichtbaren Lichts entwickelt. Zusätzlich dekorierte man diese auf ihren Oberflächen mit katalytisch aktiven Verbindungen (vor allem für die H_2- bzw. O_2-Bildung), um so die Produktbildungsraten zu erhöhen. Ein prominentes Beispiel für solche verbesserten Materialien sind Partikel aus Gallium/Zink-Oxynitrid (($Ga_{1-x}Zn_x$)($N_{1-x}O_x$)) mit katalytisch aktiven Chrom/Rhodium-Oxid-Nanoteilchen auf ihren Oberflächen. Diese erreichen auch bei einer Bestrahlung mit sichtbarem (blauen) Licht eine Quantenausbeute für die Wasserspaltung von ~2,5 % [4]. Im Vergleich zu TiO_2 stellt das eine beachtliche Verbesserung dar, von den Quantenausbeuten der biologischen Photosynthese oder der Siliziumphotovoltaik ist das System aber weit entfernt. Tatsächlich ist jedoch nicht die Quantenausbeute der wichtigste Leistungsparameter sondern die Effizienz der Umwandlung der einfallenden Strahlungsenergie der Sonne in die jeweilige „Nutzenergie", wie in Abschn. 3.4.1 erläutert wurde. So liegt dann auch für diese verbesserten Partikel die Effizienz der Solarenergieumwandlung kaum über 0,2 %, so dass weitere Durchbrüche erforderlich sind, um in den attraktiven Effizienzbereich von >5 % vorzudringen. Alternativ wurde z. B. auch die Adsorption organischer Farbstoffe auf Halbleiteroberfläche (in Analogie zu Farbstoff-Solarzellen, Abb. 6.4) oder eine Kombination mehrerer Halbleitersysteme (z. B. eines für die H_2- das andere für die O_2-Halbreaktion) in Suspensionen realisiert, was jeweils zu verbesserten Systemen für die lichtgetriebene Wasserspaltung führte [5].

Eine technologische und ökonomische Einschätzung dieser Technologie im Auftrag der US-amerikanischen Energiebehörde kam im Jahr 2009 zu dem Schluss, dass es durchaus sinnvoll sein könnte, großflächige „Felduntersuchungen" dieses Künstlichen Photosynthese-Ansatzes durchzuführen [6]. Ein sehr kostengünstiger Vorschlag für die technische Umsetzung sind dabei große, mit einer Photokatalysator-Suspension gefüllte „Plastiktüten", in denen bei Lichteinstrahlung Wasser gespalten und Wasserstoffgas gesammelt wird, das später „geerntet" werden kann. So könnten gewissermaßen Gewächshäuser für die Künstliche Photosynthese von Wasserstoff gebaut werden, wie sie z. B. die kalifornischen Startup-Firma Hyper-Solar entwickeln möchte (Abb. 7.1). Tatsächlich realisiert wurden solche Anlagen aber bisher noch nicht.

Abb. 7.1 „Gewächshäuser" für die Künstliche Photosynthese (Planungsstudie): In großen Kunststoffsäcken befinden sich Suspensionen von Halbleiterpartikeln, an denen Wasser mit Hilfe von Sonnenlicht in Wasserstoff und Sauerstoff gespalten wird. Nachdruck mit freundlicher Genehmigung von HyperSolar Inc.

7.2 Künstliche Blätter

Ein generelles Problem des zuvor beschriebenen Partikel-
Ansatzes ist die schlecht kontrollierbare Dynamik der Ladungsträger. Auch wenn einige Halbleitermaterialien sichtbares Licht
gut absorbieren und es in Folge im Material zur Trennung von
Ladungsträgern kommt, so „finden" diese oft den Weg zu den
Katalysatoren nicht, sondern rekombinieren stattdessen wieder
unter Freisetzung von Wärme. Weiterhin können in den Suspensionen nur wasserstabile Lichtabsorbermaterialien eingesetzt
werden, da es bei Nanopartikeln kaum möglich ist, Schutzschichten aufzubringen. Besonders angesichts der stark oxidierenden
Potenziale, die für die Wasseroxidation benötigt werden, ist dies
aber ein großes Problem.

Über die Konstruktion sogenannter „künstlicher Blätter" versucht man, beide Herausforderungen zu adressieren. Dabei
werden wiederum lichtabsorbierende und katalytisch aktive Materialien direkt miteinander kombiniert, nun aber in einem aus-
gedehnten (wenn auch oft nur papierdünnen) Bauteil mit klar
vorgegebenen Orten für die Oxidations- bzw. Reduktionshalb-
reaktionen. Die Größe von derzeit mindestens einigen Quadratzentimetern pro Blatt macht es außerdem möglich, zwischen
Lichtabsorbern und Katalysatoren über klassische Verfahren der
Materialsynthese Schutzschichten aufzubringen, so dass in
künstlichen Blättern auch nicht-wasserstabile Halbleitermaterialien eingesetzt werden können (z. B. für die Photovoltaik optimierte Silizium-Modifikationen).

Über einen ersten Prototyp eines solchen Blattes wurde bereits
1998 berichtet. Es handelte sich damals um eine lichtabsorbierende Einheit aus drei übereinander angeordneten Halbleiterschichten aus Gallium, Phosphor, Indium und Arsen, die in einer
„verdrahteten Konfiguration" (ähnlich zur in Abb. 7.2b gezeigten
Anordnung) mit einer Platinelektrode als Ort der Wasserstoffbildung verbunden waren [7]. Dieses wohl erste künstliche Blatt be-
wies ganz grundsätzlich die Machbarkeit des Konzepts, allerdings
waren die verwendeten Materialien sehr teuer (sie stammten aus
Raumfahrtprogrammen) und z. T. toxisch. Korrosionsprobleme
ließen dieses Blatt der ersten Generation darüber hinaus nach nur

wenigen Stunden Belichtung „welken". Zusätzlich war die Künstliche Photosynthese in den ausgehenden 1990er-Jahren ein sehr exotisches Forschungsfeld, so dass dem Entwicklerteam schlicht keine Ressourcen zur Optimierung ihrer Materialien zur Verfügung standen und die Erfindung für einige Zeit aus dem Blickfeld verschwand.

Gut zehn Jahre später – inzwischen hatte der bis heute andauernde Entwicklungsschub der Künstlichen Photosynthese begonnen – beschrieb Daniel Nocera eine Weiterentwicklung des Ansatzes und führte dabei gleichzeitig die heute übliche Bezeichnung „artificial leaf" für derartige Objekte ein [8]. Im Fall des „Nocera-Blatts" besteht der Photoabsorber aus drei übereinander aufgebrachten Schichten aus Silizium. Auf der Seite der Wasseroxidation sind diese mit einem lichtdurchlässigen, wasserbeständigen Oxid beschichtet, auf dem sich wiederum ein Cobaltoxid-Katalysator für die Wasseroxidation befindet (Abb. 7.2a). Auf der Wasserstoffseite schützt eine Metallschicht den Halbleiter

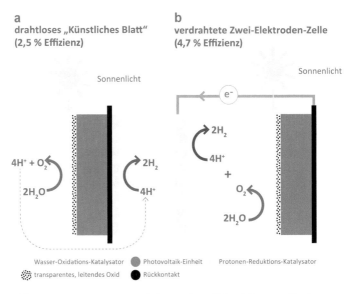

Abb. 7.2 **a** Darstellung eines drahtlosen künstlichen Blattes und **b** einer verdrahteten Zwei-Elektroden-Zelle. Nach (Quelle: [1, 9])

und auf diesem ist eine Nickel-Molybdän-Zink-Legierung für die Katalyse der H_2-Bildung aufgebracht. Das so insgesamt also aus mindestens sieben (real sogar noch mehr) Materialschichten bestehende Blatt kann nun in ein Glas mit bei neutralem pH-Wert gepufferten Wasser gestellt werden und entwickelt dort wie das Blatt einer Wasserpflanze bei Bestrahlung mit Sonnenlicht Sauerstoff und den solaren Brennstoff H_2 [9]. Trotz des kompletten Verzichts auf seltene chemische Elemente konnte eine Effizienz von über 2 % und eine zumindest über Stunden stabile H_2-Produktionsrate erreicht werden, was ein erhebliches Medienecho und den Start vieler verwandter Forschungsprojekte auslöste [10].

Auch wenn solch ein vollständig integriertes künstliches Blatt durch seine konzeptionelle Einfachheit inspiriert, so besitzt es auch klare Nachteile: z. B. „beschattet" der gräuliche Cobaltoxid-Katalysator die Halbleitersolarzellen und verringert so die Effizienz der Solarenergienutzung. Weitere Effizienz-Verluste treten dadurch auf, dass die in der Wasseroxidation freigesetzten Protonen den vergleichsweise langen Weg um das künstliche Blatt herum nehmen müssen, bevor sie an der anderen Blattseite zur Wasserstoffbildung genutzt werden können. Als Folge erreicht zum Beispiel das in Abb. 7.2a gezeigte, vollintegrierte Blatt im Vergleich zu seiner ebenfalls gezeigten „verdrahteten" Variante (Abb. 7.2b) nur eine etwa halb so gute Effizienz [9]. Zusätzlich führte die Korrosion von Silizium, das sich hier in engem Kontakt mit dem Wasseroxidationskatalysator befindet, zu Problemen der Stabilität bei Langzeitexperimenten.

Zur Verbesserung dieses Systems ersetzte eine deutsch-niederländische Forschergruppe eine der drei Siliciumschichten des Nocera-Systems durch Bismutvanadat, einem kostengünstigen Halbleitermaterial, das auch als gelbes Druckpigment verwendet wird [11]. Da dieses Metalloxid recht korrosionsbeständig ist, wirkt es zum einen als Schutzschicht für den Silicium-Teil der Zelle. Zum anderen ergibt sich daraus, dass $BiVO_4$ nur blaues Licht absorbiert und die zweite Halbleiterschicht daher noch von allen Wellenlängen außer Blau erreicht wird (Abb. 7.3). Das solare Spektrum wird von dieser $BiVO_4$ – Si – Si-Architektur am Ende effizienter absorbiert als von der „3 x Si"-Anordnung des Nocera-Blattes. In Kombination mit den Katalysatoren Cobaltoxid

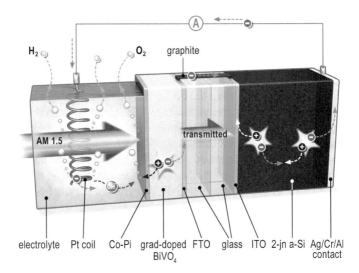

Abb. 7.3 „Verdrahtetes" künstliches Blatt mit verbesserter Halbleiterarchitektur. Der Einbau von Bismutvanadat (BiVO$_4$) erhöht die Ausbeute an absorbiertem Licht und führt außerdem zu einer höheren Effizienz bei der Ladungstrennung. Nachdruck aus [11] mit freundlicher Genehmigung des Verlags

für die Wasseroxidation und Platin für die H$_2$-Bildung können so fast 5 % Effizienz bei deutlich besserer Stabilität (Tage) erreicht werden.

Als wichtige Ursache für die trotzdem nicht sehr hohe Energieausbeute identifizierten die ForscherInnen auch hier das Problem der Rekombination der Ladungsträger, vor allem im BiVO$_4$-Teil der Anordnung [12]. Diese lässt sich mit Hilfe von Wolfram-Ionen verringern, die man zusätzlich in die Vanadat-Schicht einbringt (und zwar so, dass sich ein Konzentrationsgefälle ergibt): dann entsteht im Bismutvanadat ein elektrisches Feld und die Verlustrate fällt signifikant. Nach weiteren Verbesserungen dieser Art erscheint es nicht unmöglich, mit dieser Zelle in näherer Zukunft einmal Wirkungsgrade von zehn Prozent zu erreichen.

Eine elegante Lösung für das Problem des Protonentransports sind ionendurchlässige Membranen, in die Lichtabsorber und katalytische Zentren direkt integriert werden. Prototypen dieses Designs wurden von einer amerikanischen Arbeitsgruppe bereits vorgestellt (Abb. 7.4) [10], die praktische Umsetzung eines solchen in seiner Herstellung sehr komplizierten Systems auf großer Skala stellt aber eine noch nicht gelöste Herausforderung dar. Umgekehrt adressiert dieses Konzept bereits von Beginn an eine zentrale weitere Herausforderung künstlicher Blätter: die Trennung der Produkte von Oxidations- und Reduktionsreaktion (hier O_2/H_2). Bei den meisten anderen Prototypen wird diese Frage

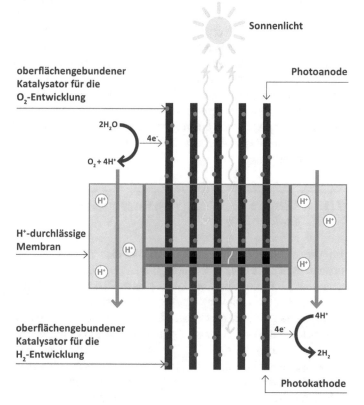

Abb. 7.4 Konzept eines künstlichen Blatts, in dem lichtsammelnde Nanodrähte in eine protonenleitende Membran eingebettet sind. Nach. (Quelle: [1, 10])

bisher auf ein späteres Entwicklungsstadium „vertagt". Da der zusätzliche Energieaufwand für eine Trennung der Reaktionsprodukte aber keineswegs unerheblich ist, sollte dieser Aspekt nicht unterschätzt werden.

Die vier hier im Detail vorgestellten Prototypen künstlicher Blätter zeigen eindeutig, dass dieser sehr elegante Ansatz für die Künstliche Photosynthese generell möglich ist und Effizienzen von 5 % (und sehr wahrscheinlich auch mehr) erreichen kann. Umgekehrt gibt es aber auch noch vielfältige Herausforderungen, die es bei der technischen Umsetzung künstlicher Blätter zu überwinden gilt. Für die Zukunft bleiben in diesem Feld daher noch einige wichtige Entwicklungsthemen: die Optimierung der Mehrschicht-Halbleiterarchitekturen für die Lichtabsorption, eine bessere Kopplung von Ladungstrennung und Katalyse, eine höhere Stabilität der Grenzfläche zur wässrigen Lösung und nicht zuletzt die Entwicklung günstiger Herstellungsmethoden [13–16]. Denn so inspirierend und wegweisend künstliche Blätter auch sein mögen: auch 20 Jahre nach ihrer Erfindung im Jahr 1998 ist man über Forschungsobjekte von wenigen Quadratzentimetern Größe und unbekanntem (aber sicher sehr hohem!) Preis bisher nicht hinausgekommen.

7.3   Direkte Kopplung von Photovoltaik und Elektrolyse

Im Vergleich zu künstlichen Blättern, die sich wie beschrieben noch in frühen Stadien der technologischen Entwicklung befinden, sind sowohl Photovoltaik-Module als auch Elektrolyse-Systeme (vor allem für die Wasserspaltung) bereits in technisch ausgereifter Form kommerziell erhältlich. Man kann also gleich damit beginnen, beide Einheiten zu einem Apparat für die Künstliche Photosynthese zu koppeln (Abb. 7.5). Da die Einzelkomponenten solch eines Systems schon existieren, muss „nur" darüber nachgedacht werden, *welche* PV- bzw. Elektrolyse-Zellen *wie* zusammenzuschalten wären. Interessanterweise gibt es zu diesem vergleichsweise einfachen Ansatz kaum publizierte Studien (was darauf hindeutet, dass seine Umsetzung doch nicht so einfach zu sein scheint).

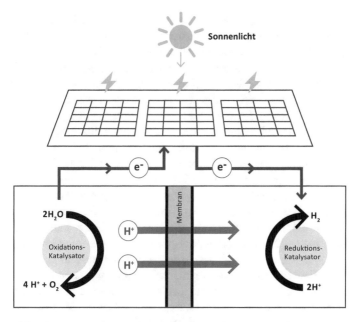

Abb. 7.5 Direkte Kopplung von einer Photovoltaikanlage mit einem Wasser-Elektrolyseur zur Produktion des Brenn- und Rohstoffs H_2. (Quelle: [1])

Eine der wichtigen Fragen beim Aufbau des Gesamtsystems ist die elektrische Spannung, die von der Photovoltaik-Einheit für die Elektrolyse zur Verfügung gestellt werden muss. In einem „*high-end*-Projekt" verwendete ein kalifornisches Entwicklerteam eine Dreischicht-Solarzelle aus Ga, In, As und P, die dem Photoabsorber des ersten künstlichen Blatts von 1998 (Abschn. 7.2) sehr ähnelt und im Sonnenlicht eine Spannung von fast 3 V zur Verfügung stellen kann. Da dies mehr als das Doppelte der für die Wasserelektrolyse nötigen Spannung darstellt, konnten gleich zwei Wasserelektrolyse-Zellen in Serie mit dieser Stromquelle betrieben werden, was zu einer Gesamteffizienz der H_2-Bildung von fast 30 % führte [17]. Dies ist eine beeindruckende Zahl, allerdings sollte nicht verschwiegen werden, dass sowohl die Solarzelle als auch der Elektrolyseur (letzterer mit Platin bzw. Iridiumoxid als Katalysatormaterialien) bei dieser Studie jeweils zu den teuersten Bauteilen ihrer Art gehörten und lediglich für zwei Tage unter kontinuierlicher Bestrahlung getestet wurden. Zu Wasserstoff-Preis oder auch zur Haltbarkeit des Systems z. B. bei Tag-/Nacht-Zyklen können die Forscher noch keine Aussage treffen, die sehr gute Energieausbeute zeigt aber ganz sicher die Möglichkeiten der Strategie „PV & Elektrolyseur" auf.

Eine „*low-end*-Analyse" für einen potenziell sehr großen Wasserstoffmarkt stellten indische Ingenieure für ihr Land vor [18]. Sie verwendeten die technischen Daten für ein kommerziell erhältliches Silizium-PV-Modul und einen etablierten, alkalischen Wasserelektrolyseur in Kombination mit Wetterstatistiken für Indien und versuchten, die über ein Jahr gemittelte Effizienz dieser (fiktiven) Anlage und sogar einen Preis für diese Art der H_2-Produktion vorauszusagen. Selbst für die bisher keineswegs für eine solche Anwendung optimierten Komponenten kommen die Autoren zu dem Schluss, dass ein solches System zwar nur eine Energie-Effizienz von unter 5 % zeigen würde, aber trotzdem in der Lage sein könnte, „solaren Wasserstoff" zu lokalen Marktpreisen für H_2 zu produzieren – und dies im Gegensatz zu derzeitigen Produktionsstätten sogar ohne dass ein Stromnetz oder eine Erdgasversorgung benötigt würde. Allerdings sollten potenzielle Investoren nicht auf schnelle Profite aus sein, denn als finanzielle Amortisierungszeit werden über 10 Jahre veranschlagt.

Schließlich sollte nicht unerwähnt bleiben, dass die Übergänge zwischen künstlichen Blättern (Abschn. 7.2) und durch PV angetriebene Elektrolyseure (dieser Abschnitt) fließend sind [13]. So können Lichtsammlung und Elektrolyse in einem einzigen Apparat so miteinander kombiniert werden, dass z. B. ein Gerät entsteht, das zwar äußerlich einem Solarpanel ähnelt, trotzdem aber Brenn- oder Rohstoffe produziert (s. Kasten 7.1). Ein möglicher Vorteil ist eine Reduktion der Systemkosten (z. B. Glas, Rahmen, Verdrahtung). Zusätzlich könnte die Wärmeentwicklung des photoaktiven Materials in einem direkt benachbarten Elektrolyseur zusätzlich dazu genutzt werden, die Reaktionsumsätze zu erhöhen. Da in solchen Systemen die geometrischen Flächen von PV-Einheit und Elektroden annähernd gleich groß sein können, wäre die Stromdichte der Elektrolyse ungefähr zwanzig bis hundert Mal geringer als in herkömmlichen Elektrolyseuren. Damit werden die Anforderungen an den Katalysator geringer, sodass hier statt edelmetallhaltiger Verbindungen schon heute wesentlich günstigere Materialien genutzt werden könnten.

Ein Beispiel für einen Schritt hin zu einem integriertem PV-Elektrolyse-System stellte ein deutsches Forscherteam in Form eines rund 50 Quadratzentimeter großen Prototyps vor (Abb. 7.6), bei dem auf zwei in Serie geschalteten Dünnschicht-Tandem-Solarzellen auf Siliziumbasis kommerziell erhältliche Nickel-Katalysatoren für die H_2- beziehungsweise O_2- Bildung bei alkalischen Bedingungen aufgebracht wurden [19]. Diese Anordnung erreichte eine Effizienz von fast 4 % und konnte vierzig Stunden lang ohne große Aktivitätsverluste betrieben werden. Als weiteres wichtiges Designprinzip enthält dieses System keine seltenen chemischen Elemente, so dass zumindest hinsichtlich der Materialverfügbarkeit eine Ausdehnung auf wesentlich größere Flächen möglich erscheint. Aber auch hier sind noch technische Herausforderungen zu überwinden: so machen es die relativ

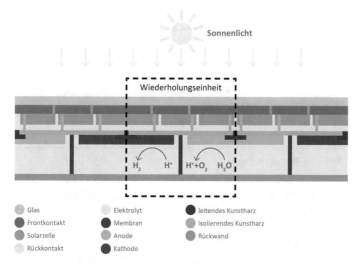

Abb. 7.6 Integriertes PV-Elektrolyse-System zur photoelektrochemischen Wasserstoffproduktion. Nach. (Quelle: [1, 19])

großen Elektrolyseflächen schwierig, die gasförmigen Produkte zu sammeln und bei hohen Drücken zu erzeugen (was zumindest für den Brennstoff H_2 wünschenswert wäre). Außerdem sind zur Trennung der beiden Teilprozesse der alkalischen Elektrolyse spezielle Membranen nötig, die ihrerseits weder günstig noch langzeitstabil sind.

Kasten 7.1 Zukunftsvision: Künstliche Photosynthese integriert in Solarmodulen
Panels für die Künstliche Photosynthese („KPh-Module") könnten auf den ersten Blick den bekannten Photovoltaik-Modulen mit 1–4 m^2 Bestrahlungsfläche ähneln. Alternativ könnten kompakte Zentralgeräte in der Größe eines Desktopcomputers in Kombination mit lichtkonzentrierenden Spiegeln betrieben werden. Im Gegensatz zu PV-Modulen liefern solche KPh-Module jedoch keinen elektrischen Strom. Stattdessen wird über Kunststoffschläuche oder Rohre einerseits Wasser zugeführt und andererseits der im Sonnenlicht gebildete Brennstoff zu einem Speichertank weitergeleitet. Im Inneren der KPh-Module sind verschiedenen Teilkomponenten der Künstlichen Photosynthese auf engem Raum integriert und auf intelligente Weise gekoppelt. Neuartige Mikrofluidiksysteme könnten dabei zusätzlich die Abwärme der lichtabsorbierenden Komponenten nutzen, um die katalytischen Reaktionen bei erhöhten Temperaturen mit kleineren Überpotenzialen zu betreiben oder auch zur Anreicherung des atmosphärischen CO_2 genutzt werden. Sollte es so gelingen, die intelligente Integration neuartiger Technologien mit einer Produktion in zunehmend größeren Serien zu kombinieren, könnte der KPh-Modulpreis bei gleichzeitiger Zunahme der Leistungsfähigkeit kontinuierlich sinken. Ob dies umgesetzt werden kann, ist eine noch offene Frage. Das Beispiel der Mikroelektronik zeigt aber, dass außerordentliche Integrationsgewinne hinsichtlich Preis und Leistungsfähigkeit denkbar sind.

7.4   Power-to-X

Die meisten heute schon realisierten größeren Anlagen für eine (potentiell) nachhaltige Produktion von Brenn- und Rohstoffen nutzen im Gegensatz zu den bisher in diesem Kapitel vorgestellten Verfahren fast ausnahmslos erneuerbaren Strom aus dem Netz. In den letzten Jahren ist für diese Strategie die Abkürzung „Power-to-X" gebräuchlich geworden und ihre Grundzüge wurden bereits im Abschn. 5.3 erläutert. Power-to-X-Verfahren stellen keine integrierten Systeme dar, da zwischen Stromproduktion und Stromnutzung in manchen Fällen Hunderte von Kilometern liegen. Selbst wenn Solarstrom ins Netz eingespeist wird, gehören sie daher gemäß unserer Definition aus Abschn. 6.1 nicht zur Künstlichen Photosynthese.

Power-to-H_2: Wasserelektrolyse am Stromnetz
Wie viele Projekte in diesem Bereich allein in Deutschland durchgeführt werden, wird zum Beispiel beim Blick auf eine Projektkarte der Deutschen Energie-Agentur deutlich, die sich mit der Herstellung der Brenngase Wasserstoff und Methan durch Power-to-X beschäftigt [20]. Eines der dort aufgelisteten Beispiele ist der Energiepark Mainz, wo die Firmen Linde und Siemens zusammen mit den Mainzer Stadtwerken eine der weltweit größten „Power-to-Gas"-Anlagen zur H_2-Produktion errichtet haben. Schlüsselelemente sind dabei speziell für solche Anwendungen entwickelte, hochdynamische PEM-Druckelektrolyseure, die sich einerseits für hohe Stromdichten eignen und gleichzeitig schnell auf die stark fluktuierende Stromproduktion von Wind- und Solaranlagen reagieren können [21]. Im Projekt soll neben technischen Aspekten am Ende auch evaluiert werden, zu welchen Kosten Wasserstoff auf diesem Wege für den deutschen Markt zur Verfügung gestellt werden könnte.

Künstlich-biologische Hybridsysteme am Stromnetz
Mit Strom aus erneuerbaren Quellen lässt sich aber auch Kohlendioxid zu organischen Brenn- und Wertstoffen reduzieren. Im Forschungsprojekt *Rheticus* arbeiten die Unternehmen Siemens und evonik dabei zusammen an der Entwicklung eines künstlich-biologischen Hybridsystems. In einer ersten Stufe wird dabei über „klassische" Elektrolysetechnik Kohlendioxid und Wasser mit Strom in Kohlenmonoxid (CO), H_2 und O_2 umgewandelt. Das Gasgemisch aus CO und H_2 (sog. Synthesegas) wird dann nochmals mit CO_2-Gas versetzt (als zusätzliche Kohlenstoffquelle) und schließlich in einem Fermentationsprozess durch spezielle Mikroorganismen zu kohlenstoffbasierten Wertstoffen umgewandelt (Abb. 7.7). Dass dieses Verfahren im Labormaßstab durchführbar ist, konnte die Kooperation bereits am Beispiel der

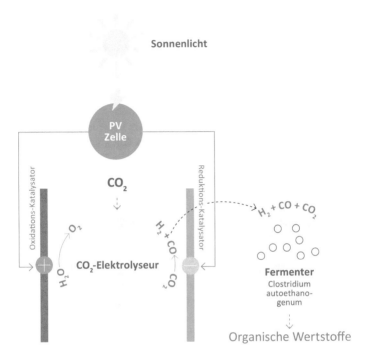

Abb. 7.7 Anorganisch-biologisches Hybrid-System zur Produktion kohlenstoffhaltiger Wertstoffe. In einem mit Strom aus erneuerbaren Quellen getriebenen Elektrolyseur werden aus CO_2 und H_2O Kohlenmonoxid (CO) und Wasserstoff (H_2) gebildet. Diese Gase werden dann zusammen mit weiterem CO_2 in einen separaten Fermenter geleitet und dort durch spezielle Bakterien wie *Clostridium autoethanogenum* zu organischen Wertstoffen umgewandelt. (Quelle: [1])

Produktion von Ethanol und Essigsäure zeigen, zwei wichtigen Industriechemikalien, die für technische Anwendungen sonst in der Regel aus Erdgas bzw. Erdöl gewonnen werden [22]. Im Rahmen von *Rheticus* soll das Produktspektrum nun in Richtung kompliziert aufgebauter Verbindungen erweitert werden und eine technische Versuchsanlage für bis zu 20.000 Jahrestonnen Produkt entstehen [23]. Wiederum sind den Firmen bei der abschließenden Analyse der Ergebnisse neben wissenschaftlichen auch ökonomische Aspekte wichtig.

Carbon capture and usage (*CCU*): **Großtechnische Nutzung von CO_2 aus Abgasen**

Als Beispiel für ein CCU-Großprojekt sei „Carbon2Chem" genannt, welches von *Thyssen Krupp Steel* zusammen mit Forschungsinstituten sowie weiteren industriellen Partnern durchgeführt wird [24]. Durch Kohleverbrennung in großem Maßstab werden in konventionellen Stahlwerken außerordentliche Mengen CO_2-reicher Abgase freigesetzt. Alternative elektrische Stahlwerke ohne CO_2-Emissionen werden zwar z. B. vom schwedischen Stahlproduzenten SSAB in Pilotprojekten untersucht [25], erfordern aber sicher hohe Investitionen für neue Stahlwerke. Bei Carbon2Chem soll das CO_2 aus den Abgasen (Hüttengasen) laufender Stahlwerke des Thyssen-Krupp-Konzerns eingefangen (*carbon capture*) und als Rohstoff zur Synthese kohlenstoffhaltiger Chemikalien genutzt werden (*carbon usage*). Hierbei erfolgt die CO_2-Reduktion unter anderem durch die Nutzung von Wasserstoff aus der elektrolytischen Wasserspaltung, wobei erneuerbarer Netzstrom die Energie dazu liefern soll.

Es handelt es sich also beim Großprojekt Carbon2Chem nicht um den unmittelbaren Ersatz fossiler Brennstoffe, da ja im Betrieb der Hochöfen in unvermindertem Umfang Kohle als Brennstoff genutzt wird. Dennoch ist ein Beitrag zur Verringerung der CO_2-Emissionen zu erwarten, unter anderem, da an anderer Stelle die Nutzung von Erdöl als Rohmaterial in der chemischen Industrie reduziert werden kann. Unter den Carbon2Chem-Produkten befindet sich auch neue synthetische Treibstoffe wie Oxymethylenether (OME, [26]), mit dessen Verbrennung der Kohlenstoff (aus der Kohle) dann eine weitere Verwertungsrunde durchläuft, bevor er letztendlich doch als CO_2 in die Atmosphäre freigesetzt wird. So werden CO_2-Emissionen nicht verhindert, aber durch die zweifache Verbrennung doch reduziert. Die Nutzung von CO_2 aus Abgasen, wie sie in Carbon2Chem und anderen Anlagen angestrebt wird, kann aber nur als Übergangstechnologie eingeordnet werden, da ja die Grundlage des Konzepts nach wie vor die Nutzung fossiler Brennstoffe (hier Kohle) bleibt.

Direct Air Capture: **Reduktion von CO_2 aus der Umgebungsluft**

Eine mögliche Einschränkung von Prozessen, in denen organische Brenn- und Wertstoffe aus Kohlendioxid hergestellt werden sollen, ist wie in Abschn. 6.5 beschrieben die CO_2-Quelle. Bei Carbon2Chem sind es Hüttengase, bei *Rheticus* wird über Kraftwerksabgase oder Biogas nachgedacht. Das finnische Konsortium Soletair möchte dieses Problem anders lösen und stellt CO_2 direkt aus der Luft zur Verfügung („Direct Air Capture") [27]. Zusammen mit Wasserstoff aus einem kommerziellen, aber solar angetriebenen Elektrolyseur wird aus diesem „eingefangenen" CO_2 in einem Gasphasenreaktor Synthesegas erzeugt, aus dem dann über das seit ca. 100 Jahren bekannte Fischer-Tropsch-Verfahren flüssige Treibstoffe produziert werden können. Am Ende des Projekts möchte man so die generelle technische Machbarkeit der Kraftstoffsynthese mit Solarstrom und Kohlendioxid aus der Luft demonstrieren, die Qualität des so zugänglichen „synthetischen Benzins" untersuchen und auch zu einer ersten Abschätzung des Produktionspreises gelangen.

7.5   Integration der Künstlichen Photosynthese ins Energiesystem

Künstliche Photosynthese: Ersatz fossiler Brennstoffe
Nach der Kombination von Teilkomponenten der Künstlichen Photosynthese zu Geräten und Anlagen müssen diese schließlich in die nationalen und auch internationalen Energiesysteme integriert werden [1, 2]. Wie in Kap. 1 geschildert, verfolgen viele Länder und Regionen das Ziel einer Zukunft ohne fossile Brennstoffe. Ein erster wichtiger Schritt auf diesem Weg ist eine nachhaltige Stromerzeugung, z. B. durch Windkraft- oder Photovoltaikanlagen. Die Künstliche Photosynthese könnte in zukünftigen Energiesystemen einen weiteren wichtigen Bereich abdecken: den unmittelbaren Ersatz fossiler Brennstoffe. Denn besonders attraktiv wird die Entwicklung der Künstlichen Photosynthese ja dadurch, dass unter Einsatz von Solarenergie Brenn- bzw. Rohstoffe erzeugt werden. Diese könnten fossile Energieträger ersetzen und beispielsweise zum Antrieb von Motoren im Verkehrssektor oder zur Wärmeerzeugung in Haushalten und Industrieanlagen genutzt werden. Zusätzlich könnten solche „solaren Raffinerien" aber auch die Rohstoffe für die Produktion von Kunststoffen oder

Düngemitteln bereitstellen, ganz ähnlich, wie es derzeit in petro-chemischen Anlagen unter Verwendung von Erdöl und Erdgas ge-schieht. Am Ende dieser Entwicklung stünde ein nachhaltiges Stoff- und Energiesystem, in dem über Prozesse der Künstlichen Photosynthese wichtige Energieträger, kohlenstoffhaltige Roh-stoffe und sogar Stickstoff-Dünger für die Landwirtschaft aus Wasser, Luft und der Energie des Sonnenlichts zugänglich wären (Abb. 7.8).

Wichtige Unterschiede zwischen der Künstlichen Photosyn-these und der Erzeugung von Solarstrom wurden bereits im Abschn. 5.4 erläutert und in Tab. 5.1 zusammengefasst. Auf einige

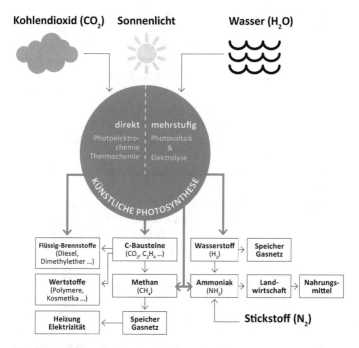

Abb. 7.8 Mögliche Rolle der Künstlichen Photosynthese im Energie- und Rohstoffsystem. Wasserstoff, Ethylen, Methan oder auch Ammoniak sind di-rekt aus der Künstlichen Photosynthese zugänglich (*dicke Pfeile*). Diese las-sen sich direkt nutzen, speichern oder über etablierte Prozesse in andere Brenn- oder Wertstoffe überführen (*dünne Pfeile*). (Quelle: [1])

wichtige Punkte in Bezug auf die Energie- und Rohstoffversorgung der Gesellschaft möchten wir im Folgenden aber nochmals genauer eingehen.

Solarenergie im Tank gespeichert

Ein zentrales Plus der Künstlichen Photosynthese liegt in der kostengünstigen und kompakten Speicherung von Solarenergie in
Form von nachhaltigen Brennstoffen. Damit könnte die Künstliche Photosynthese im Energiesystem der Zukunft in folgenden
Bereichen wichtige Beiträge leisten:

a. *Energiespeicherung.* Der Ausgleich der täglichen und jährlichen Fluktuationen in der Verfügbarkeit von Wind- und Solarenergie würde besser handhabbar. Die Energiespeicherung
   und Vorratshaltung könnte auch auf sehr großen Skalen mit
   vergleichsweise geringen Kosten erreicht werden, so wie dies
   auch heute schon für Erdgas oder Erdöl erfolgt.
b. *Infrastruktur für den Energietransport.* Die vorhandene
   Infrastruktur für die Versorgung mit Öl und Gas (z. B. Gas-
   netz, Pipelines, Lagertanks) könnte weiter genutzt werden.
   Dies erleichtert den Übergang zu einem nachhaltigen Ener-
   gie- und Rohstoffsystem. Gleichzeitig könnten sich neue
   Möglichkeiten für eine dezentrale Brennstoffproduktion entwickeln.
c. *Verkehrssektor.* Die hohen Energiedichten von Brennstoffen
   wie Wasserstoff oder Methan (Tab. 1.1) ermöglichen die ge-
   wohnten Reichweiten bei einer Betankung und trotzdem einen
   nachhaltigen, CO_2-neutralen Betrieb z. B. von Elektro/Ver-
   brennungsmotor-Hybridfahrzeugen. Zusätzlich ließe sich CO_2-
   Neutralität und eine generell gute Umweltverträglichkeit auch
   in den Bereichen Hochseeschifffahrt und Luftverkehr erreichen, wo Konzepte der Elektromobilität kaum umsetzbar sind.
d. *Wärmesektor.* Die Realisierbarkeit CO_2-neutraler, elektrischer
   Heizsysteme mit Wärmepumpanlagen und unterirdischen
   Wärmespeichern, gespeist durch erneuerbaren Strom, ist zumindest in Großstädten fraglich. Hingegen sind nicht-fossile Brennstoffe aus Künstlicher Photosynthese auch in
   dicht besiedelten Ballungsräumen eine Lösung. Auch im

industriellen Wärmesektor bietet der Übergang zu nicht-fossilen Brennstoffen gegenüber einer reinen Elektrifizierungsstra-
tegie Vorteile.

**Vorteile erneuerbaren Stroms – Energie- und Kosteneffizienz
bei sofortiger Nutzung**
Allerdings sollte auch eine wichtige Stärke der Stromerzeugung
durch Photovoltaik nochmals klar benannt werden: die *energetische* Effizienz. Die Gewinnung eines Brennstoffs erfordert nach
der (elektrischen) Ladungstrennungsreaktion mehrere chemische
Schritte, die jeweils mit Energieverlusten behaftet sind. Daher ist
die „Solar-zu-Brennstoff"-Effizienz der Künstlichen Photosynthese in der Regel deutlich geringer als die „Solar-zu-Strom"-
Effizienz von Photovoltaik-Anlagen. Dies führt im Vergleich zusätzlich zu einem größeren Flächenbedarf und höheren Kosten für
Anlagen der Künstlichen Photosynthese pro erzeugter Energieeinheit. Daraus folgt: *Solange Solarstrom direkt genutzt werden kann,
ist dies der Künstlichen Photosynthese vorzuziehen.* In Bezug auf
nachhaltige Stromerzeugung und Künstliche Photosynthese geht es
also nicht um ein *Entweder-oder,* sondern um ein *Sowohl-als-auch.*

7.6   Fazit: Beim Apparatebau stockt es (noch?)

Obwohl viele Einzelkomponenten für Teilprozesse der Künstlichen Photosynthese heute bereits recht ausgereift sind (Kap. 6),
befindet sich der Aufbau kompletter Apparate noch in frühen Pha-
sen der Entwicklung. Prototypen wie die ersten künstlichen Blätter beweisen zwar klar die generelle Machbarkeit des Konzepts,
sie sind aber noch weit entfernt vom Entwicklungsstand z. B. von
Pilotprojekten für Power-to-X Technologien. Die Kosten einer industriellen Brenn- und Rohstoffproduktion durch Künstliche Photosynthese lassen sich daher heute nur sehr ungenau abschätzen.
Weiterhin ist auch noch unklar, ob sich die bisher lediglich für die
einzelnen Teilprozesse optimierten Materialien wie Halbleiter,
Katalysatoren etc. auch unter den Bedingungen einer kompletten
Anlage im Dauerbetrieb bewähren. So sind bei der technischen
Umsetzung neue Herausforderungen zu meistern, wie zum Beispiel

die effiziente Kopplung von Ladungstrennung und Katalyse, die Optimierung der Elektrolyten, die Nutzung von atmosphärischem CO_2 als Rohstoff, die Trennung und Weiterleitung der Produkte, die Korrosion oder „Vergiftung" von Katalysatoren oder der Einfluss von variierender Umgebungstemperatur und Intensität des Sonnenlichts. Hierfür können und müssen ForscherInnen aus den Bereichen Chemie, Physik, Biologie, Material- und Ingenieurwissenschaften in Zukunft verstärkt zusammenarbeiten, wobei sie sehr interessante, interdisziplinäre Projekte erwarten. Und schließlich sollte man bereits heute damit beginnen, die technologischen, ökonomischen und sozialen Konsequenzen einer Umstellung des Energie- und Rohstoffsystems auf nicht-fossile Quellen zu bedenken. Denn wie das folgende Kap. 8 beschreibt, ist bei einem derart grundlegenden technologischen Umbruch eine frühzeitige Einbindung der Gesellschaft unbedingt erforderlich.

Literatur

1. acatech – Deutsche Akademie der Technikwissenschaften, Nationale Akademie der Wissenschaften Leopoldina, Union der deutschen Akademien der Wissenschaften (Hrsg.): Künstliche Photosynthese. Forschungsstand, wissenschaftlich-technische Herausforderungen und Perspektiven. acatech, München (2018)
2. Schlögl, R.: The solar refinery. In: Schlögl, R. (Hrsg.) Chemical Energy Storage. de Gruyter, Berlin (2012)
3. Fujishima, A., Honda, K.: Electrochemical photolysis of water at a semiconductor electrode. Nature. **238**, 37 (1972)
4. Maeda, K., et al.: Photocatalyst releasing hydrogen from water. Nature. **440**, 295 (2006)
5. Tachibana, Y., Vayssieres, L., Durrant, J.R.: Artificial photosynthesis for solar water-splitting. Nat. Photonics. **6**, 511 (2012)
6. www1.eere.energy.gov/hydrogenandfuelcells/pdfs/pec_technoeconomic_analysis.pdf. Zugegriffen am 12.06.2018
7. Khaselev, O., Turner, J.A.: A monolithic photovoltaic-photoelectrochemical device for hydrogen production via water splitting. Science. **280**, 425 (1998)
8. Nocera, D.G.: The artificial leaf. Acc. Chem. Res. **45**, 767 (2012)
9. Reece, S.Y., et al.: Wireless solar water splitting using silicon-based semiconductors and earth-abundant catalysts. Science. **334**, 645 (2011)
10. Marshall, J.: Springtime for the artifcial leaf. Nature. **510**, 22 (2014)

11. Abdi, F.F., et al.: Efficient solar water splitting by enhanced charge s eparation in a bismuth vanadate-silicon tandem photoelectrode. Nat. Commun. **4**, 2195 (2013)

12. Zachäus, C., et al.: Photocurrent of $BiVO_4$ is limited by surface recombination, not surface catalysis. Chem. Sci. **8**, 3712 (2017)

13. Armaroli, N./Balzani, V.: Solar electricity and solar fuels: Status and perspectives in the context of the energy transition, Chem. Eur. J., **22**, 32 (2016)

14. Hu, S., et al.: Thin-film materials for the protection of semiconducting photoelectrodes in solar-fuel generators. J. Phys. Chem. **119**, 24201 (2015)

15. Joya, K.S., et al.: Water-splitting catalysis and solar fuel devices: Artificial leaves on the move. Angew. Chem. Int. Ed. **52**, 10426 (2013)

16. Nellist, M.R., et al.: Semiconductor-electrocatalyst interfaces: Theory, experiment, and applications in photoelectrochemical water splitting. Acc. Chem. Res. **49**, 733 (2016)

17. Jia, J., et al.: Solar water splitting by photovoltaic-electrolysis with a solar-to-hydrogen efficiency over 30 %. Nat. Commun. **7**, 13237 (2016)

18. Bhattacharyya, R., Misra, A., Sandeep, K.C.: Photovoltaic solar energy conversion for hydrogen production by alkaline water electrolysis: Conceptual design and analysis. Energy Convers. Manag. **133**, 1 (2017)

19. Turan, B., et al.: Upscaling of integrated photoelectrochemical water-splitting devices to large areas. Nat. Commun. **7**, 12681 (2016)

20. www.powertogas.info. Zugegriffen am 12.06.2018

21. www.industry.siemens.com/topics/global/de/pem-elektrolyseur/silyzer/seiten/silyzer.aspx. Zugegriffen am 12.06.2018

22. Haas, T., et al.: Technical photosynthesis involving CO_2 electrolysis and fermentation. Nat. Catal. **1**, 32 (2018)

23. https://corporate.evonik.de/de/presse/pressemitteilungen/Pages/news-details.aspx?newsid=72462. Zugegriffen am 12.06.2018

24. www.thyssenkrupp.com/de/carbon2chem. Zugegriffen am 12.06.2018

25. www.ssab.com/company/sustainability/sustainable-operations/hybrit

26. Härtl, M., et al.: Oxymethylenether als potenziell CO_2-neutraler Kraftstoff für saubere Dieselmotoren. Motortechnische Z. **2**, 78 (2017)

27. https://soletair.fi. Zugegriffen am 12.06.2018

Künstliche Photosynthese gemeinsam gestalten

8

8.1 Frühzeitige Einbindung der Gesellschaft

Im 17. Jahrhundert haben Forscher die Diskussionen mit der Öffentlichkeit zu Wissenschaftsthemen verglichen mit „the maunderings of a babbling hag" [1]. Die Zeiten haben sich gewandelt: SchülerInnen werden in fächerübergreifendem Unterricht angesprochen, BürgerInnen durch die Medien, Bücher, Ausstellungen oder Vorträge informiert, Dialog wird online und offline geführt – Wissenschaftskommunikation kennt eine Vielfalt an Formaten, die an spezifische Ziele und Zielgruppen anzupassen sind [2]. Geplapper und Gefasel ist Vergangenheit; jetzt ist „Dialog" seit Jahrzehnten ein Schlüsselbegriff der Wissenschaftskommunikation.

Demokratische Gesellschaften legen Wert darauf, dass die BürgerInnen die Politik im Großen und Ganzen verstehen und an wichtigen politischen Auseinandersetzungen teilhaben. Darüber hinaus lassen sich heute veränderte Ansprüche an die Kommunikation und Mitbestimmung feststellen, die über den bisherigen gesetzlichen Rahmen der repräsentativen Demokratie hinausreichen [3]. Weder „Technik für die Gesellschaft" (im Sinne einer Verordnung von oben) noch „Gesellschaft blockiert Technik" kann eine Zukunftsdevise sein. Gesucht sind vielmehr Beispiele

© Springer-Verlag GmbH Deutschland, ein Teil von Springer Nature 2019
H. Dau et al., *Künstliche Photosynthese*, Technik im Fokus,
https://doi.org/10.1007/978-3-662-55718-1_8

für die Idee „Technik gemeinsam gestalten" (so der Titel des acatech Impulses zum Thema im Jahr 2016, [4]).

Gerade in Zeiten, in denen sich die Wissensproduktion und die
darauf basierende Entwicklung neuer Technologien ständig be-
schleunigen, ist das Wissen, das Forschung und Entwicklung in
Wissenschaft und Wirtschaft bereitstellen, zu ergänzen um gesellschaftliche Wahrnehmung und Werte. So kann Technikentwicklung der Künstlichen Photosynthese nicht allein im Labor laufen,
sondern muss an gesellschaftliche Herausforderungen gekoppelt
sein (hier v. a. an den Ersatz fossiler Rohstoffe). Auf derart ver-
breiteter Basis kann „sozial robustes Wissen" entstehen: Dieses
ist durch gesellschaftliches Wissen infiltriert und verbessert und
basiert auf einem umfassenderen Spektrum von Perspektiven und
Techniken [5].

**Bessere Technik durch frühzeitige Einbindung der
Öffentlichkeit? Vision und Herausforderungen**

Angesichts des Einflusses neuer Technologien in der Gesellschaft
sind neben dem Fachwissen der ExpertInnen auch Wertvor-
stellungen, Zukunftsvisionen und Wünsche der BürgerInnen
wichtig. Diese sind – ebenso wie Interessen der einzelnen An-
spruchsgruppen – im Rahmen der Gestaltungsdiskurse sichtbar zu
machen und in die Bewertung einzubringen. Dabei sollten Exper-
tenwissen und Laienwahrnehmung als einander ergänzend, nicht
als gegensätzlich eingestuft werden: Technik kann nicht alleine
auf der Grundlage von Fachwissen gestaltet werden, aber ein an-
gemessenes Fachwissen ist die notwendige Voraussetzung, um zu
einem wohlüberlegten Urteil der Gestaltung kommen zu können.

So kann die frühzeitige Einbindung der Öffentlichkeit auch
zeigen, dass wenig oder keine Akzeptanz für bestimmte „Technikzukünfte" vorhanden ist. Es wäre von Vorteil, wenn Forschung
und Entwicklung das so früh wie möglich wüssten und die „kriti-
schen Punkte" und mögliche Bedingungen der Akzeptanz erfahren, beispielsweise Sicherheitsmaßnahmen, Vertrauen, Regulie-
rung, Selbstverpflichtungen etc.

Allerdings gibt es einige Faktoren, deren (Nicht-)Erfüllung
die Möglichkeiten solcher Forschungs- und Innovationsdebatten
beeinflussen [vgl. z. B. [6]]: Wie passt das Thema zu den eigenen

Interessen? Wie soll der Dialog auf politische oder gesellschaftliche Entscheidungen wirken? Welche Kenntnisse und Fähigkeiten braucht man, um sich „adäquat" beteiligen zu können? Welches sind die notwendigen Ressourcen für gesellschaftliche Beteiligung?

Aus bisherigen Dialogformaten mit dem Ziel der Partizipation auch und gerade mit Bezug auf Künstliche Photosynthese sind verschiedene kritische Punkte bekannt, die bei den jeweiligen Aktivitäten zu beachten sind [4]:

- Wann sollen die Folgen einer einzusetzenden Technik diskutiert werden? Hier ergibt sich ein Dilemma, das nach dem britischen Technikforscher David Collingridge benannt ist (Abb. 8.1): Während sich Technologie über die Zeit entwickelt, wächst auch das Wissen über ihre Wirkungen (Chancen, Risiken). Ist die Technologie jedoch weit entwickelt, sind etwa die Produktionsbedingungen, Nutzungskontexte und Entsorgungsverfahren bekannt, besteht nur noch wenig Möglichkeit, diese gestaltend zu beeinflussen, denn dann ist die Entwicklung bereits abgeschlossen oder wenigstens so weit fortgeschritten, dass aus ökonomischen Gründen ein Umsteuern kaum noch oder nicht mehr möglich ist – die Technologie ist „verhärtet" durch die Pfadabhängigkeit der getroffenen Entscheidungen. Sehr früh mit der Gestaltung anzusetzen ist jedoch praktisch unmöglich, weil man ja über mögliche Produkte, Anwendungen und Folgen noch nichts

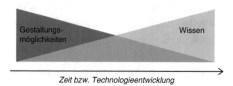

Abb. 8.1 Das Collingridge-Dilemma beschreibt, wie während der Entwicklung einer Technologie das Wissen über ihre Wirkungen wächst, die Möglichkeiten ihrer Gestaltung jedoch gleichermaßen geringer werden. Mit der Künstlichen Photosynthese befinden wir uns noch ein einem frühen Stadium der Technikentwicklung

Genaues weiß, also nicht weiß, in welche Richtung man ein-
greifen soll, um zu besserer Technik zu kommen [7].

- Wie interessiert man bei dem Thema wie „Künstliche Photo-
synthese" die Menschen, die sich (noch) nicht betroffen fühlen
und zunächst wenig Interesse daran haben (siehe Collingridge-
Dilemma)? Wie „mobilisiert" man BürgerInnen für solch eine
Diskussion? Welche Teilöffentlichkeiten lassen sich überhaupt
erreichen?
- Die teilnehmenden WissenschaftlerInnen müssen auf ihre
Rolle vorbereitet werden, in der offene Fragen, Pluralität und
Unsicherheiten in der Wissenschaft thematisiert werden. Die
Bereitschaft zu einem echten Dialog im Sinne einer Zweiweg-
Kommunikation ist eine weitere Voraussetzung.

8.2   Darstellungen von Technikzukünften der Künstlichen Photosynthese

Wie kann man ein Thema in einem frühen Forschungsstadium re-
levant und interessant machen für BürgerInnen, die sich einerseits
in den Dialog einbringen sollen, andererseits aber nur über be-
schränkte zeitliche Kapazität verfügen? Dazu könnten zunächst
anhand verschiedener Forschungsansätze „Technikzukünfte" entwickelt werden. Technikzukünfte sind dabei keine Prognosen,
sondern sollen – auf Grundlage transparenter Voraussetzungen
und Annahmen – eine Basis für die Diskussion darstellen, in welche Richtung die (Forschungs)Reise gehen soll und was damit
letztlich das Ziel der Forschung sein sollte. Sie können die Form
technischer Berichte haben, aber auch von Geschichten, Comics,
Kunstwerken, etc.

**Kasten 8.1 Künstliche Photosynthese und Wissenschaftskommuni-
kation**
Wie kann die Einbindung der Öffentlichkeit in die Technikgestaltung konkret
bewerkstelligt werden? Mit Dialogformaten zur Entwicklung von Technikzukünften betritt man unweigerlich ein Experimentierfeld der Wissenschafts-
und Technikkommunikation. In einem Projekt der Deutschen Akademie der
Technikwissenschaften (acatech) wurden – ausgehend von einer ausführlichen

Befassung mit Fragen der Biotechnologie-Kommunikation – im Juni 2015 anhand des Themas Künstliche Photosynthese daher u. a. Narrative, Comics und Science Cafés als Zugang zu einem Diskurs über Technikzukünfte getestet [4, 8].

Zur Künstlichen Photosynthese wurden bereits im Rahmen eines Projekts der Deutschen Akademie für Technikwissenschaften Technikzukünfte formuliert (s. Kasten 8.1). Angestrebt wurde dabei ein narrativer Rahmen, in dem insbesondere die Ziele der Künstlichen Photosynthese anhand konkreter Ausgestaltungsmöglichkeiten dargestellt und verglichen werden sollten mit Alternativen und dem Status quo. Die Darstellungen konkretisierten – zunächst recht grob – verschiedene Ansätze zur Künstlichen Photosynthese und verwandter Wege zu nicht-fossilen Brennstoffen – von der Algenbiotechnologie über Photolektrochemie bis hin zu neuen Formen der Photovoltaik – als Technikzukünfte und dienten dann als Grundlage für Dialogveranstaltungen.

Geschichten eröffnen neue Zugänge zu Technik und ihren Zukünften

Personalisierung, Emotionalisierung, Dynamisierung, Konflikte, Liebe, Gewalt oder Heldenreisen – diese Zutaten zu Geschichten machen Märchen, Sagen, Filme und Technikzukünfte erst lebendig. Die Methode geht auf die abendlichen Lagerfeuer am Beginn unserer Kultur zurück: Jäger erzählten sich ihre Tageserlebnisse. Die bildhaften Geschichten dienten auch als sozialer Kitt. Wissenschaft als Geschichte erzählen ist – in den Worten des Wissenschaftsjournalisten Wolfgang Goede – das Steinzeitfeuer der Moderne [9]. Bilder sind selbst in der modernen Zivilisation besser verständlich als Abstraktes. Drei Technikzukünfte (zu Algenbiotechnologie, katalytischen Umwandlungen von Industrieabgasen und neuen Formen der Photovoltaik) wurden von Wolfgang Goede narrativ interpretiert und im Deutschen Museum aufgezeichnet [10].

Comics als Darstellungen der Technikzukünfte

Comics sind ein jugend-affiner Zugang zu solchen Themen, die einen intuitiven Einstieg und spielerische Auseinandersetzung damit erlauben [11]. Informationen werden ohne die Verwendung komplexer Begrifflichkeiten und fachspezifischen Vokabulars dargestellt: visuell, im Zeitverlauf von Geschichten, in Beschreibungen von Charakteren. Diese Darstellung bietet nicht nur anderen Zielgruppen einen Zugang an, sondern ermöglicht gleichzeitig, Bewertungen und Ansichten zu einem Thema wie etwa der Künstlichen Photosynthese darzustellen (Abb. 8.2).

Comics bieten einen intuitiven Zugang zur Beschäftigung mit wissenschaftlich-technischen Themen und regen die kreative Auseinandersetzung mit dem Thema an – sowohl bei Kindern und Jugendlichen als auch bei ExpertInnen, die bereits mit den Inhalten vertraut sind. So können Comics nicht nur zur Wissensvermittlung und Visualisierung bestehender Wissensbestände genutzt werden, sondern genauso als interaktives Diskurswerkzeug zur transdisziplinären Wissensgenerierung. Die Kombination aus Technikzukünften als inhaltlicher Basis und Comics als Darstellungsmittel sind besonders geeignet, komplexe Szenarien und Technologien in ihrer gesellschaftlichen Einbettung und Bewertung zu erfassen und darzustellen.

8.3   Künstliche Photosynthese und globale Klimaveränderungen als ethische Herausforderung

Neue Technologien oder Produkte sind nicht selten mit Risiken oder Nebenfolgen verbunden, deren Bewertung im Idealfall frühzeitig Teil eines gesellschaftlichen Gestaltungsdiskurses ist (Abschn. 8.1). Letztendlich wird eine neue Technologie nur dann als attraktiv und wünschenswert bewertet werden, wenn die Chancen überwiegen. Diese können z. B. in einem oder mehreren der folgenden Bereiche liegen:

- Neue individuelle oder auch gesamtgesellschaftliche Handlungsspielräume und –optionen (z. B. erhöhte Mobilität, verbesserte Information und Kommunikation, kürzere Arbeitszeiten durch erhöhte Produktivität);
- Ökonomische bzw. volkswirtschaftliche Vorteile auf überschaubaren Zeitskalen;
- Bekämpfung von Krankheiten bzw. Vermeidung von Gesundheitsrisiken.

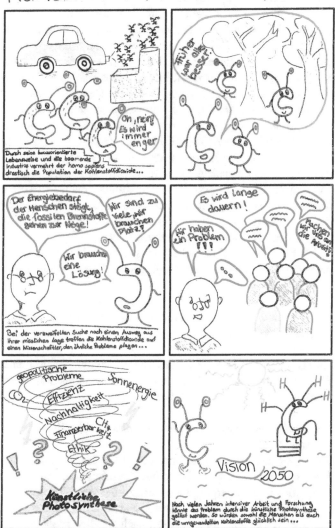

Abb. 8.2 Der Comic „Künstliche Photomorphose" ist im Rahmen einer acatech-Veranstaltung im Sommer 2018 entstanden [12]. Die Schülerinnen oberbayerischer Gymnasien Constanze Schmidt, Helene Wagner und Kathrin Neumayr zeigen darin, wie CO$_2$-Moleküle in der Künstlichen Photosynthese einen Jungbrunnen finden

Diese Bereiche sind auch im Zusammenhang mit der Künstlichen Photosynthese von Bedeutung. Wie schon im Abschn. 1.2 angesprochen, tritt als eine weitere zentrale Motivation für die Entwicklung der Künstlichen Photosynthese hinzu, durch nachhaltige Produktion von nicht-fossilen Brenn- und Wertstoffen die globalen CO_2-Emissionen zu minimieren und so drohende Klimaveränderungen zu begrenzen. Diese Klimaveränderungen betreffen zukünftige Generationen und drohen gerade auch Länder und Regionen hart zu treffen, die nur wenig zu den technischen CO_2-Emissionen der vergangenen hundert Jahre beigetragen haben. Folglich gewinnen für die Künstliche Photosynthese Gerechtigkeits- und ethische Fragestellungen an Bedeutung, wie sie generell im Zusammenhang mit Emissionen von Treibhausgasen und den resultierenden globalen klimatischen Folgen diskutiert werden. Die Neuartigkeit der ethischen Herausforderungen im Zusammenhang mit globalen Klimaveränderungen motiviert ein neues Gebiet der Ethik, die „Klimaethik" [13].

Mit Blick auf die Künstliche Photosynthese tritt also ein weiterer Punkt zu der obigen Liste der möglichen Chancen einer neuen Technologielinie hinzu:

- Verbesserte globale Zukunftsperspektiven und Generationengerechtigkeit.

Hier haben wir es also mit großen Themen zu tun, die auf breiter Basis zu diskutieren sind und im Folgenden weiter ausgeführt werden.

Verteilung der Lasten im Lichte der Klimaethik (in Anlehnung an [14])

Technologische Neuentwicklungen für die rechtzeitige und letztendlich vollständige Vermeidung der CO_2-Emissionen und deren Integration in das Energiesystem werden zunächst mit hohen Kosten und anderen Belastungen (wie z. B. Umgestaltung der Infrastruktur) verbunden sein. Dies gilt auch für die Option(en) der Künstlichen Photosynthese. Denn die Entwicklung einer „Wunder-Technologie" zur Erzeugung nicht-fossiler Brennstoffe, die es ermöglichen könnte, alleine über geringe Herstellungs- und

Vertriebskosten die fossilen Energieträger vom Markt zu verdrängen, ist äußerst unwahrscheinlich.

In einer langfristigen, globalen Perspektive gilt die Abschwächung (Mitigation) von Treibhausgasemissionen als die makroökonomisch kostengünstigste Lösung, doch diese Einsicht löst das Problem nicht. Denn rechtzeitige Mitigations-Maßnahmen müssen de-facto auf einer lokalen oder nationalen Ebene finanziert und realisiert werden, ohne dass entsprechende „Renditen" auf derselben Ebene zu erwarten wären. Gesetze- und Verordnungen zur Reduktionen der CO_2-Emissionen oder eine „Einpreisung" zukünftiger Kosten und Risiken (z. B. über CO_2-Steuern oder –Zertifikatshandel) stellen Lösungswege dar. Aber bei jedem spezifischen Weg wird es zunächst Gewinner und Verlierer geben. Hieraus resultiert – im Kontext von Klimaethik und Klimagerechtigkeit – eine zentrale Herausforderung an den gesellschaftlichen Diskurs zur Künstlichen Photosynthese und verwandter Zukunftspfade. Es gilt Wege zur Verteilung der Lasten einer rechtzeitigen und hinreichenden Reduktion der Klimagas-Emissionen zu finden und begehbar zu gestalten, die dem komplexen Spannungsfeld von Gerechtigkeit (zwischen Regionen/Nationen, Bevölkerungsgruppen und Generationen) und pragmatisch-zielführender Umsetzung (technologisch, politisch und ökonomisch) gerecht wird. Ein prominentes Beispiel für den Konflikt zwischen Gerechtigkeit und zielführenden Lösungsstrategien sei angedeutet: Aus dem Gerechtigkeitsblickwinkel stände es den sich entwickelnden Volkswirtschaften zu, ähnliche CO_2-Mengen zu emittieren, wie die hoch entwickelte Industriestaaten es über Jahrzehnte getan haben. Eine globale Verminderung der CO_2-Emissionen wäre so aber nicht erreichbar, so dass (ungerechterweise) alle Staaten ihre CO_2-Emissionen vermindern müssen, damit die Ziele des Pariser Abkommens erreichbar bleiben.

Nationale Rolle im globalen Kontext (in Anlehnung an [14])
Die rechtzeitige und hinreichende Reduktion der CO_2-Emissionen erfordert in einem nationalen Rahmen Maßnahmen, deren Finanzierung und Umsetzung ohne Berücksichtigung des „moralischen Imperativs" der globalen Klimaproblematik kaum hinreichend begründbar sein werden. Hierbei kommt Deutschland

derzeit auch global eine gewichtige Rolle zu. Der Ausbau der Wind- und Solarenergie in Deutschland ist international stark beachtet worden und gilt als Beispiel dafür, dass eine prosperierende ökonomische Entwicklung nicht im Widerspruch zu einer verantwortungsvollen Energiepolitik steht. Wenn jetzt die wirtschaftlich und technologisch besonders starke Bundesrepublik Deutschland nicht in der Lage wäre, die weiteren Schritte zur Vermeidung jeglicher Netto-CO_2-Emissionen in der zweiten Hälfte dieses Jahrhunderts rechtzeitig in die Wege zu leiten, dann könnte dies gravierende Folgen für die generelle Umsetzung des Pariser Abkommens haben und damit für das Ziel, die potenziell katastrophalen Folgen globaler Klimaveränderungen zu beschränken. Durch ihre Vorbildrolle ist die internationale Bedeutung der deutschen Energie- und Umweltpolitik um ein Vielfaches größer als es der prozentuale Beitrag zu den globalen CO_2-Emissionen erwarten ließe.

Die globale ethische Verantwortung für Umwelt und Klima bezieht sich generell auf die Reduktion der CO_2-Emissionen, nicht aber auf eine spezielle Technologie. Ob die Künstliche Photosynthese hier einen wesentlichen oder gar unverzichtbaren Beitrag leisten kann, ist eine Frage, die heute noch nicht abschließend beantwortet werden kann. Eine verantwortungsvolle, vergleichende Analyse im Vergleich mit alternativen technischen Lösungen ist somit erforderlich.

8.4   Fazit: Dialog zur Künstlichen Photosynthese

Um über Künstliche Photosynthese sprechen zu können, muss zunächst Interesse geweckt werden, um dann aus der Gesellschaft heraus Ideen und kritische Fragen aufnehmen zu können. Im Unterschied etwa zu Gentechnik oder Nukleartechnik handelt es sich bei der Künstlichen Photosynthese um ein durch Kontroversen bzw. verfestigte Meinungsbilder noch kaum „vorbelastetes" Feld. Im Unterschied zur Kernfusion, die in einer vergleichbaren Zeitperspektive verfolgt wird, handelt es sich voraussichtlich nicht um eine Großtechnologie, sondern eher um dezentrale, an der

Biologie orientierte Formen der Energieerzeugung. So scheint das kontroverse Potenzial dieser Technologie auf den ersten Blick gering. Jedoch können hier z. B. durch den eventuellen Einsatz von besonders seltenen oder gesundheitsgefährdenden chemischen Elementen oder den hohen Flächenbedarf für ausgedehnte Solaranlagen durchaus auch kontroverse umweltrelevante und ethische Fragen erwachsen.

Hinzu treten Fragen der Finanzierung, die auch in einem ethischen Kontext diskutiert werden können. Einerseits ist der Ersatz fossiler Brennstoffe mittels Künstlicher Photosynthese ein aus zahlreichen Gründen attraktives Ziel (Abschn. 1.2). Angesichts aktueller Gefahren für Gesundheit und Umwelt sowie drohender langfristiger Folgen globaler Klimaveränderungen erscheinen Maßnahmen zur Reduktion der Verbrennung fossiler Brennstoffe sogar ethisch geboten. Es gilt zu zeigen, dass die Künstliche Photosynthese hier einen wichtigen Beitrag leisten kann. Wenn dies gelingt, bleibt jedoch die Frage der Finanzierung oder genereller der Verteilung der Belastungen bei Einbettung der Künstlichen Photosynthese in Strategien zur Begrenzung der Nutzung fossiler Brennstoffe. Damit wird auch Gerechtigkeit bei der Verteilung der Belastungen (aber auch der Chancen) zwischen Regionen der Welt, Generationen und Bevölkerungsgruppen zum Thema der gesellschaftlichen und politischen Auseinandersetzung.

Literatur

1. Going public (Editorial): Nature. **431**, 883 (2004)
2. Weitze, M.-D., Heckl, W.M.: Wissenschaftskommunikation – Schlüsselideen, Akteure, Fallbeispiele. Springer Spektrum, Heidelberg (2016)
3. acatech (Hrsg.): Akzeptanz von Technik und Infrastrukturen. Anmerkungen zu einem aktuellen Gesellschaftlichen Problem (acatech POSITION). Springer, Heidelberg (2011)
4. acatech – Deutsche Akademie der Technikwissenschaften (Hrsg.): Technik gemeinsam gestalten. Frühzeitige Einbindung der Öffentlichkeit am Beispiel der Künstlichen Fotosynthese (acatech IMPULS). Herbert Utz Verlag GmbH, München (2016)
5. Nowotny, H., Scott, P., Gibbons, M.: Rethinking Science. Knowledge in an Age of Uncertainty. Cambridge Polity Press, Cambridge (2001)
6. www.proso-project.eu/prososupporttool. Zugegriffen am 12.06.2018

7. Grunwald, A.: Technikfolgenabschätzung – eine Einführung, 2. Aufl. edition sigma, Berlin (2010)
8. acatech (Hrsg.): Perspektiven der Biotechnologie-Kommunikation. Kontroversen Randbedingungen – Formate (acatech POSITION). Springer Vieweg, Wiesbaden (2012)
9. Goede, W.: Die Erzählform. Fachjournalist. **21**, 4 (2005)
10. www.acatech.de/Projekt/kuenstliche-fotosynthese-entwicklung-von-technikzukuenften/
11. Schrögel, P., Weitze, M.-D.: Comics als visueller Zugang zum transdisziplinären Diskurs über Technikzukünfte. In: Lettkemann, E., et al. (Hrsg.) Knowledge in Action. Neue Formen der Kommunikation in der Wissensgesellschaft. Springer, Heidelberg (2017)
12. www.acatech.de/allgemein/lichte-ideen-bei-tropischer-hitze
13. Kalkhoff, A. (Hrsg.): Klimagerechtigkeit und Klimaethik. de Gruyter, Berlin (2015)
14. acatech – Deutsche Akademie der Technikwissenschaften, Nationale Akademie der Wissenschaften Leopoldina, Union der deutschen Akademien der Wissenschaften (Hrsg.): Künstliche Photosynthese. Forschungsstand, wissenschaftlich-technische Herausforderungen und Perspektiven. acatech, München (2018)

Was tun?!

9

Der Ausstieg aus den fossilen Brennstoffen stellt eine beispiels-
lose technologische, ökonomische und politische Herausforderung dar. Um die Hälfte des derzeitigen deutschen Primärenergiebedarfs über Künstliche Photosynthese zu decken, bräuchte man
eine Größenordnung von Milliarden Modulen mit Abmessungen
einiger Quadratmeter. Verglichen mit 60 Millionen Kraftfahrzeu-
gen in Deutschland würde das Energiesystem der Zukunft bezüglich Investitionen und Umsätzen die Automobilindustrie in den
Schatten stellen. Die Agentur für Erneuerbare Energien beziffert
die Anzahl der Arbeitsplätze im Bereich erneuerbarer Energien in
Deutschland im Bereich von über 300.000 [1] – diese Zahl könnte
sich vervielfachen.

Die Integration neuer Technologien in das Energiesystem der
Zukunft ist dabei zentral. Aber das Energiesystem ist nicht mit
dem Markt für Mobiltelefone vergleichbar, in dem bei bahnbre-
chenden technischen Neuentwicklungen der Weg vom Labor zum
Produkt für Millionen von Kunden häufig innerhalb weniger
Jahre gelang. Der Übergang von den Laboren der Naturwissen-
schaftlerInnen und IngenieurInnen zu einer tragenden Säule im
Energiesystem der Zukunft könnte 10 Jahre dauern – oder auch 50
Jahre. Langfristiges Denken ist gefragt, jedoch ohne die Dring-
lichkeit aus dem Auge zu verlieren.

© Springer-Verlag GmbH Deutschland, ein Teil von
Springer Nature 2019
H. Dau et al., *Künstliche Photosynthese*, Technik im Fokus,
https://doi.org/10.1007/978-3-662-55718-1_9

Die Künstliche Photosynthese und verwandte Technologierichtungen (wie z. B. Power-to-X) könnten einen wesentlichen und vermutlich sogar unersetzlichen Beitrag zum Gelingen der Energiewende in Deutschland und zum Erreichen der internationalen Klimaziele leisten. Was ist jetzt von wem zu tun, damit aus der visionären Option „Künstliche Photosynthese" ein realer Beitrag zu einer erfolgreichen Energiewende werden kann?

1. Erneuerbare Brennstoffe jetzt in Zukunftsszenarien einbeziehen

Die Energiewende muss sich auch um nicht-fossile Brennstoffe kümmern, sonst wird sie scheitern. Die Pluspunkte der Künstlichen Photosynthese zur Energiespeicherung sowie im Verkehrs- und Wärmesektor (Abschn. 7.5) entsprechen gerade den gravierenden Defiziten einer Energiewende, die ohne Einbeziehung erneuerbarer Brennstoffe fortgeführt wird. So droht, dass – z. B. im Jahr 2035 – die Bundesregierung erklären wird, man habe größte Anstrengungen unternommen, um die CO_2-Emissionen gemäß des Pariser Abkommens zu reduzieren – aber wegen der starken Fluktuationen der Wind- und Solarenergie sei die Umsetzung des Abkommens technisch bedauerlicherweise nicht durchführbar. Damit diese Negativ-Vision nicht zur Realität wird, muss die großskalige Gewinnung nicht-fossiler Brennstoffe verstärkt in Zukunftsszenarien und -pläne einbezogen werden – so wie es auch die Experten des Akademienprojekts „Energiesysteme der Zukunft (ESYS)" vorschlagen [2].

2. Neue Wege durch technologieoffene Grundlagenforschung

Viele Wege führen nach Rom – und auch viele Antriebssysteme. Neben der Batterie-basierten Elektromobilität sind mehrere alternative Wege zum CO_2-neutralen Verkehr denkbar, die durchaus parallel verfolgt und implementiert werden können. Auch heute schon existieren parallele Infrastrukturen für die Antriebsenergie im Verkehrssektor (Benzin, Diesel, Biodiesel, Erdgas sowie im Aufbau Strom und Wasserstoff). Ähnlich ist es im Bereich der Wärmeerzeugung für Heizung und industrielle Prozesse, wo die Vielfalt der Optionen zur Kopplung von Energietechnologien noch weiter wachsen wird. Die planerische Festlegung auf einen einzigen Technologiepfad (wie z. B. die Elektromobilität) wird auch in Zukunft weder notwendig noch sinnvoll sein. In diesem Sinne ist auch hier die Künstliche Photosynthese als visionärer Weg zu nicht-fossilen Brennstoffen in der Forschung und bei der Planung von Technologiepfaden als eine vielversprechende Strategie zu berücksichtigen.

3. Rahmenbedingungen für eine dynamische Entwicklung im industriellen Bereich entwickeln

Es ist wichtig, dass die Grundlagenforschung zur Künstlichen Photosynthese gestärkt, koordiniert und in Richtung integrierter Systeme fokussiert wird. Aber das reicht nicht. Damit die Künstliche Photosynthese aus den Laboren der WissenschaftlerInnen herauswachsen kann, bedarf es eines Netzes von Firmen, von Neugründungen (Start-up) bis hin zu starken Großbetrieben, die über mehrere Jahre Entwicklungsarbeiten vom Prototyp bis hin zur Serienproduktion mit Nachdruck vorantreiben. Die dazu notwendige wirtschaftliche Dynamik kann sich nur unter geeigneten Rahmenbedingungen entwickeln.

Die Rohstoffpreise für Kohle, Erdöl und Erdgas beinhalten die immensen externen Kosten für Umwelt- und Gesundheitsschädigungen sowie langfristige Klimaveränderungen nicht. Unter anderem deshalb liegen ihre Marktpreise auf einem niedrigen Niveau, welches bei konkurrierenden nicht-fossilen Brennstoffen sogar noch weiter sinken könnte. Unter diesen Bedingungen erscheint es praktisch ausgeschlossen, dass nicht-fossile Brennstoffe die Fossilen über den Rohstoffpreis vom Markt verdrängen können; die Entwicklungs- und Investitionskosten für ihre Produktion wären ökonomisch unsinnig. Wir müssen daher Wege finden, auch die externen Kosten in Kalkulationen mit einzubeziehen und klare (d. h. langfristig planbare) ökonomische Gewinnoptionen für verschiedene Bereiche (Sektoren) der nachhaltigen Energieversorgung der Zukunft zu ermöglichen. Auf dieser Grundlage kann der Ersatz fossiler Brennstoffe mittels Künstlicher Photosynthese oder verwandter Technologiewege gelingen.

4. Verschiedene technologische Optionen müssen im Zeitplan der Energiewende zu verschiedenen Zeiten zum Zuge kommen

Alles zu seiner Zeit. Die Künstliche Photosynthese stellt kurzfristig noch keine planbare Alternative zu Power-to-X Anlagen dar. Daher ist im Rahmen der Energiewende ein zeitlich gestuftes Vorgehen sinnvoll:

- *In 10 bis 15 Jahren* könnten verschiedene Power-to-X Technologien vergleichsweise kurzfristig durch Produktion nichtfossiler Brennstoffe einen wesentlichen Beitrag zur Energieversorgung leisten. Dies ist durch den erfolgreichen Betrieb einer Reihe größerer Power-to-Gas Anlagen belegt [3] und gilt insbesondere für die Wasserstoffproduktion. Forschungs- und Entwicklungsarbeiten zur energieeffiziente Produktion flüssiger Treibstoffe sowie generell zur Kostensenkung – unter anderem durch erhöhte Energieeffizienz und Vermeidung seltener Edelmetalle – können in absehbarer Zeit weitere Einsatzbereiche für Power-to-X Anlagen erschließen.
- *In 10 bis 20 Jahren* kann (durch die lokale elektrische Kopplung von Photovoltaik-Modulen mit einem Brennstoffmodul) die erste Generation von Anlagen der Künstlichen Photosynthese realisiert werden, wobei einerseits auf PV-Module aus etablierter Großserienfertigung und anderseits auf Fortschritte bei Power-to-X Technologien zurückgegriffen werden kann.
- *In 20 bis 30 Jahren* käme die Zeit für vollständig integrierte Künstliche Photosynthese Module. Die Wissenschaftsakademien in Deutschland schlagen eine zehnjährige Phase von grundlegenden Forschungs- und Entwicklungsarbeiten vor (bis ca. 2030), die an eine umfassende Bewertung gekoppelt ist [4]. Im Falle der positiven Bewertung könnten noch weitere 10 oder 20 Jahre vergehen, bevor in Großserien gefertigte Künstliche Photosynthese Module mit erneuerbaren Brennstoffen zu einer Säule der Energieversorgung werden. Ein ähnlicher Fahrplan könnte für elektrochemisch-biologische Hybridsysteme zu Produktion erneuerbarer Brennstoffe sowie für Photobioreaktor-Systeme mit modifizierten photosynthetischen

Mikroorganismen aufgestellt werden, wobei hier die Chancen weniger im Bereich der großskaligen Brennstoffproduktion liegen als bei hochwertigen Spezialstoffen.

5. Gesellschaftlicher Dialog im Kontext der Energiewende ist entscheidend

Auf den ersten Blick ist die Künstliche Photosynthese nicht mit problematischen Risiken und Nebenwirkungen verknüpft. Im Gegenteil, fossile Brennstoffe stehen im Zusammenhang mit gravierenden politischen, Gesundheits-, Umwelt- und Klimaproblemen. Hierdurch ist die Verfolgung von neuen Wegen zum Ersatz fossiler Brennstoffe in dieser Weise im Prinzip gut begründbar.

Warum ist dennoch ein umfassender gesellschaftlicher Dialog von entscheidender Wichtigkeit? Die erneuerbaren Brennstoffe werden nicht unmittelbar mit den geringen Rohstoffkosten fossiler Brennstoffe konkurrieren können. Langfristigen Vorteilen stehen kurzfristig erhöhte Energiekosten gegenüber, die motiviert und „gerecht" umgesetzt werden müssen. Neben dem Gerechtigkeitsaspekt spielen aber auch Unkosten und damit die Konkurrenzfähigkeit der Unternehmen eine Rolle. Hinzu kommt, dass es spezifische Verlierer der Umstrukturierung des Energiesystems geben wird, insbesondere die ArbeitnehmerInnen, Führungskräfte und KapitalanlegerInnen im Bereich der Gewinnung und Verarbeitung fossiler Energieträger. Sowohl die Dringlichkeit, fossile Brennstoffe zu ersetzen, als auch die Wege und Geschwindigkeit der Energiewende unterliegen dabei persönlichen (und oft auch emotionsgeladenen) Einschätzungen und Bewertungen. Diese sind nicht nur durch eigene oder Gruppeninteressen geprägt, sondern auch durch fehlende, widersprüchliche oder sogar falsche Informationen.

In dieser konfliktträchtigen Situation können bahnbrechende politische Entscheidungen zugunsten erneuerbarer Brennstoffe nur dann gefällt werden, wenn große Teile der Bevölkerung in Dialoge und Debatten einbezogen werden und auf der Grundlage von wissenschaftlichen und technischen Möglichkeiten einerseits und ihren Interessen und Werten andererseits die grundlegende Neustrukturierung des Energiesystems mit gestalten und vorantreiben.

6. Künstliche Photosynthese motiviert durch Aufzeigen neuer Optionen und Chancen

Ein konstruktiver Dialog kann gelingen, wenn die vielfältigen Chancen der Künstlichen Photosynthese klar herausgearbeitet und auch Probleme im Zusammenhang mit Lösungsansätzen diskutiert werden. Hierbei ist neben Offenheit und Ehrlichkeit aller Beteiligten auch die Bewertung von Handlungsoptionen unter Einbeziehung von persönlichen Werten und emotionaler Verankerung ein Schlüssel zum Gelingen.

Abschließend folgt eine Auflistung von Vorteilen des Ausstiegs aus der Ausbeutung fossiler Brennstoffe und des Einstiegs in die Künstliche Photosynthese, die in diesem Dialog eine Schlüsselrolle spielen können.

Warum wir aus der Nutzung fossiler Brennstoffe aussteigen sollten

- Wir wollen unabhängig werden von Preisschwankungen und politischen Preismanipulationen fossiler Rohstoffe und wollen unsere Energieversorgung entkoppeln von internationalen Krisen oder gar Kriegen um fossile Rohstoffe.
- Wir wollen die Umwelt- und Gesundheitsbelastungen verringern.
- Wir wollen die verantwortliche, gestaltende Rolle Deutschlands im globalen Energiesystem der Zukunft wahrnehmen (u. a. Umsetzung des Pariser Abkommens).
- Wir wollen verantwortlich mit globalen Problemen und der Lebensqualität nachfolgender Generationen umgehen.

Warum wir in die Künstliche Photosynthese einsteigen

- Wir bauen einen nachhaltigen Energie-Stoff-Kreislauf nach dem Vorbild der Natur auf.
- Wir bringen die Energiewende durch Energiespeicherung mittels nicht-fossiler Brennstoffe voran.
- Wir streben Technologieführerschaft mit entsprechenden Exportchancen an.

- Wir schaffen neue Arbeitsplätze in Entwicklung, Produktion, Installation, Wartung und Betrieb der Künstlichen Photosynthese.
- Wir schaffen wirtschaftliche Chancen für strukturschwache (trockene und sonnige) Regionen im Süden.
- Wir finden neue Optionen regionaler, lokaler oder sogar individueller (autarker) Versorgung mit Treib- und Brennstoffen.

Literatur

1. www.unendlich-viel-energie.de/themen/wirtschaft/arbeitsplaetze. Zugegriffen am 12.06.2108
2. acatech/Leopoldina/Akademienunion: Sektorkopplung – Optionen für die nächste Phase der Energiewende (Schriftenreihe zur wissenschaftsbasierten Politikberatung). acatech, Berlin (2017)
3. www.powertogas.info. Zugegriffen am 12.06.2108
4. acatech – Deutsche Akademie der Technikwissenschaften, Nationale Akademie der Wissenschaften Leopoldina, Union der deutschen Akademien der Wissenschaften (Hrsg.): Künstliche Photosynthese. Forschungsstand, wissenschaftlich-technische Herausforderungen und Perspektiven. acatech, München (2018)

Stichwortverzeichnis

© Springer-Verlag GmbH Deutschland, ein Teil von
Springer Nature 2019
H. Dau et al., *Künstliche Photosynthese*, Technik im Fokus,
https://doi.org/10.1007/978-3-662-55718-1

Printed in the United States
By Bookmasters